在基因銀行保存未來種子

從天花板到地板滿滿全都是種子！這裡稱為「種子銀行」，是日本農研機構遺傳資源研究中心的種子儲藏庫。從地板安裝到天花板的棚架中，保存大約十九萬顆種子，種子數量每年都在增加。種子是植物的生命來源，也是人類的食物。由於種子在未來世界仍有廣泛需求，因此也稱為「遺傳資源」。我們必須好好保存所有種子，一顆都不能少，傳承給下一代，獻給未來的世界。

▶這是能自動行走的「機器人曳引機」。無須人類操縱，即可自動收割或整地。

農業機器人變得更聰明！

聰明、高科技的產品通常會被冠上「SMART」，台灣則稱為智慧產品。開發無須人類操縱也能自動行走的無人農耕曳引機或無人插秧機，則稱為「智慧農業」。透過車載相機感測障礙物，利用從衛星發射出來的電波掌握位置資訊，自動完成農耕作業。距今一百年前，人類還拿著鐵鏟、鋤頭，牽著馬或牛耕田，如今農業已經有了重大變革，邁入大革命時代！

▲過去人類是用馬匹拖著大大的犁耕地。上圖為日本大正時代（1912-1926）農事試驗場的照片。

影像來源／引自日本農研機構農業機械實驗研究數據檔案

▲透過平板電腦操縱農耕機器人。

◀自動插秧機的插秧速度不輸給老練的農夫，從照片中可以看出，插秧機的旋轉動作也很靈巧。重點是，插秧機不會累！

▼遙控式割草機可以輕鬆在人類難以進入的地方割除雜草。有些割草機器人的功能還能減少除草劑的用量。

對彼此更友善

割稻之後剩下的稻稈可當牧場牛隻的飼料和睡窩，牛糞可當堆肥，為農地增添養分。人類與植物、家畜之間的相互關係，打造出友善地球的環境。此外，活用人工智慧和感應器飼育的「智慧牧場」，減少家畜壓力的「動物福利」等概念也日漸普及中。

▶農家對於放牧型態與牛舍的建置有了不同看法。

 影像提供／日本農研機構

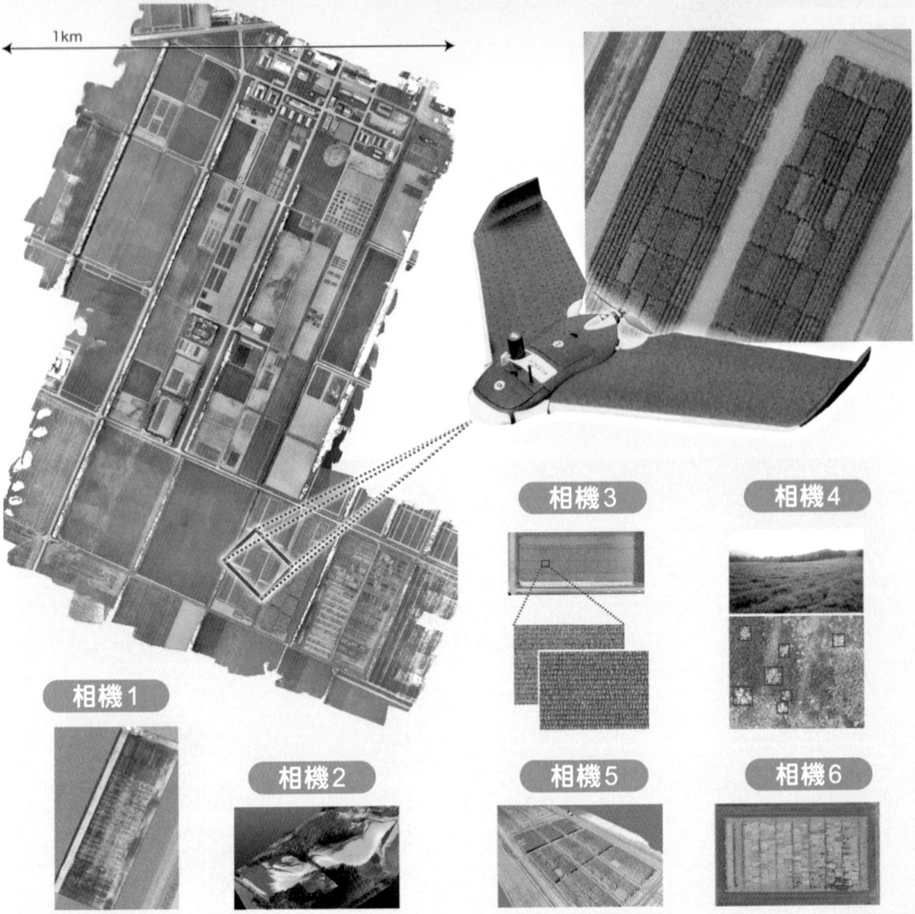

固定翼無人機活躍在大範圍農田

固定翼無人機的飛行距離比一般無人機長，日本農研機構正在研究如何將固定翼無人機運用在大範圍農田中。無人機搭載各式觀測相機，不只觀察作物的生長情形，也能監控土壤狀況。「紅外線」是人眼看不見的光線，利用紅外線相機拍攝，還能了解作物的健康狀態。

相機1　選擇更好品種時，透過相機捕捉必要特性，加以評估。

相機2　確認農地是否受災，例如大雨造成的土石流災害等。

相機3　計算每株作物的大小和數量。

相機4　確認雜草的分布狀況。

相機5　將拍攝資料修復成立體圖像，提高測量作物生長高度等數據的效率。

相機6　利用影像處理找出發生病蟲害的地方。

影像提供／日本農研機構

◀使用無人機（多軸飛行器）進行施肥實驗的樣態。

影像來源／ Christopher Hedreyd - PIA 4A CALABARZON, via Wikimedia Commons

從空中和手機監控隨時隨地都能務農！

「智慧農業」以無人機為工具運用在很多地方，例如操控無人機播種或噴灑農藥，在空中觀測作物的生長狀況，還能將剛採收的蔬菜堆成一堆，運送至當地商店。此外，還開發了透過智慧型手機管理農田的灌水系統，無論人在哪裡，都能監控水位。

▲▶農田的水位管理是一件很繁瑣的工作，必須依照當天的天氣和稻米的生長狀況調整。目前已成功開發出透過智慧型手機隨時監控的系統（P.30）。

影像提供／日本農研機構

地產地消讓在地更有活力

讓在地人吃當地種植的農作物，利用當地農作物製成各種農產品，這樣的消費型態稱為「地產地消」。可以節省運輸費用，還能達到減少「食物里程」（P.52）的效果。日本預計在 2023 年推動無人機運送農產品的計畫。

▶在超市內部設置「植物工廠」，讓消費者隨時都能買到現採蔬菜。

▲日本農研機構的「植物工廠」，分成利用陽光（上、右）和利用人造光（下）兩種型態。

植物工廠大豐收！

升級植物工廠的光線來源，提升蔬菜水果的「光合作用」效率。讓蔬果充分沐浴在陽光（或人造光）下，促進生長。由於蔬果長得很快，結實纍纍，工作人員必須站在升降機上採收。番茄的採收量是一般菜園的十倍左右。日本的糧食自給率偏低、農家的勞動力不足，為了解決這些問題，必須增加植物工廠的作物生產量。

▲開發出採收機器人和美味感測器。

從遺傳資源創造新作物！

人類花了很多時間改良各種作物的品種。近年來也使用最新的生物科技，例如基因改造、基因編輯等，創造出擁有新特性的農作物和食品。為了有利於改良未來的農作物，日本目前已將重要的「遺傳資源」，包括不能食用的野生種種子，全都保存在「種子銀行」裡。

野生ダイズ
タチナガハ

◀野生種黃豆（左）與現在吃的黃豆（右），外型截然不同。

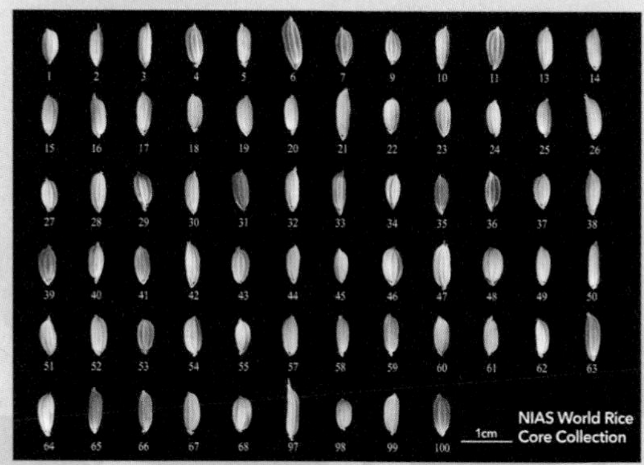
NIAS World Rice Core Collection
1cm

▲日本的主食是稻米，日本人已經完整解開稻米的基因資訊。利用稻米基因，開發出「不怕地球暖化、抗病蟲害又好吃」的新品種米。照片是日本農研機構製作的「世界稻米核心收藏」。公開最具代表性的稻米品種基因資訊，就容易從特性各異的品種中找出有用的遺傳因子。

影像提供／ Sanatech Seed

基因編輯

▲「Sicilian Rouge High GABA」是日本第一顆基因編輯番茄。透過基因編輯，讓番茄含有更多健康功效卓越的 GABA 氨基酸。由日本筑波大學與 Sanatech Seed 共同開發，今後也計畫用在番茄糊等加工食品。

基因改造

▶日本農研機構利用基因改造技術，開發出「藍色菊花」。以人工技術製造出藍色花卉，是一件很困難的事情。

機器人早餐

▲這是 Connected Robotics 開發的料理機器人「Loraine」。一次做好烤吐司、荷包蛋與咖啡。

▲提供超未來飲食體驗的創意集團 OPEN MEALS 提出的「傳送壽司」概念。利用味覺感測器與 3D 列印技術，將壽司的味道和形狀轉換成數據傳送至 3D 列印機，無論在哪裡都能印出壽司。

食物科技創造近未來食物！

「食物科技」顧名思義是結合了食物與科技技術。基本上是利用 3D 列印機根據輸入的數據製作料理，或使用調理機器人取代或支援人力烹煮料理。目前也在研究如何使用 3D 列印機製作出適合高齡族群吃的膠狀食物，以及避免浪費食材（P.56）的料理方法。若能透過食物科技重現專業廚師的手藝，就能打造出完美廚房。

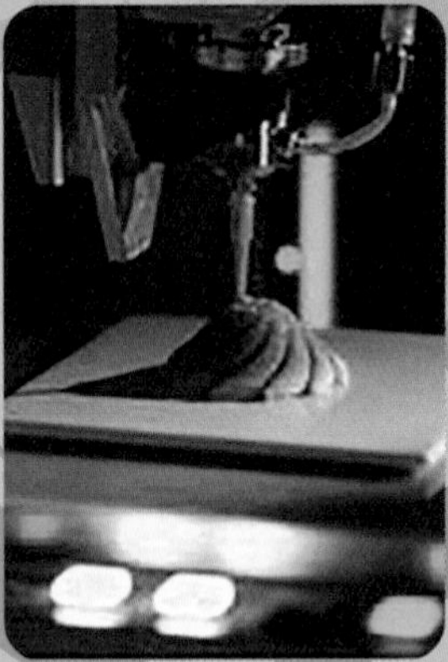

◀OPEN MEALS 的「聯網和菓子（Cyber Wagashi）」。將風速、氣壓、氣溫等氣象數據編寫至3D列印機中，因應相關數據列印出顏色形狀各異的日式點心。

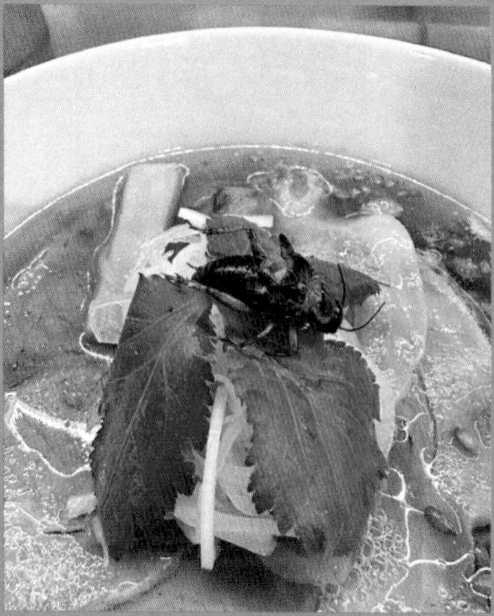

影像提供／浩爾

蟋蟀拉麵

▲ANTCICADA 是主打昆蟲美食的餐廳，其推出的蟋蟀拉麵從食用蟋蟀熬煮高湯，添加在麵條和醬油裡。

影像來源／ World Economic Forum via Wikimedia Commons

培植肉漢堡肉

▲培植肉是從牛的細胞培養製造的人造肉，目前已經有人將培植肉做成漢堡肉了！2013 年還在倫敦舉辦試吃會。

拯救未來的食物？

為了解決糧食缺乏的問題，聯合國提出食用「昆蟲」的提案。昆蟲和肉類一樣富含蛋白質。日本自古就有以醬油和糖調理的佃煮蝗蟲，最近還推出蟋蟀拉麵與甜點。利用 3D 列印變化出自己喜歡的味道和外觀，或許就能讓一般人接受昆蟲美食。

▶在不久的將來，只要搭配迷你植物工廠並輸入食譜，就能在家使用搭載 3D 列印技術的家電，印出自己想吃的食物。

日本和全世界的人都愛吃米

全世界的水稻大致分成：「粳稻」（日本型）、「秈稻」（印度型）和「爪哇稻」（爪哇型）等三類。其中以秈稻的食用量最多。

◀正所謂「稻穗越是豐滿，頭垂得越低」。

▲聯合國糧食及農業組織認證為「世界農業遺產」的「能登里山里海」（石川縣）。梯田沿著海岸延伸，十分壯觀。

粳稻

日本人最常吃的「粳米」屬於粳稻的一種。台灣、中國和朝鮮半島也都有種植，米粒較短。直鏈澱粉與支鏈澱粉的比例很好，黏度適中。

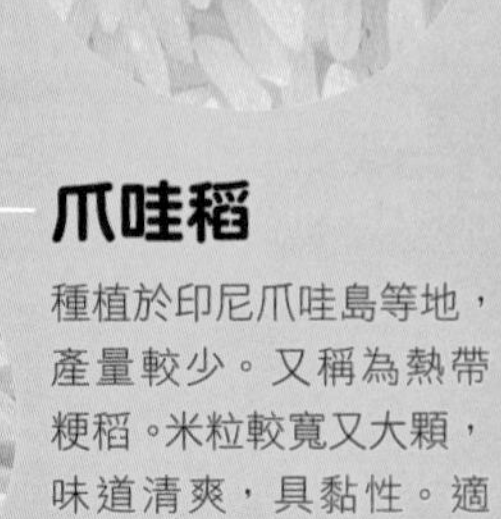

秈稻

種植於泰國、印尼、印度和美國南部，米粒較長，直鏈澱粉較多，吃起來不黏。由於粒粒分明，很適合做成抓飯或搭配咖哩。

爪哇稻

種植於印尼爪哇島等地，產量較少。又稱為熱帶粳稻。米粒較寬又大顆，味道清爽，具黏性。適合做成燉飯或大鍋飯。

世界各國的米食料理

就像日本有壽司，各國也有各自聞名的米食料理。即使是同一個國家，也會因地區不同，變化出不一樣的調味方式與做法。

◀秈稻煮的飯淋上豆湯食用。

尼泊爾

還有這麼多種米！

糯米

百分之百由支鏈澱粉構成，黏性極高。可以做成麻糬（年糕）、糰子與紅豆飯。

酒米

用來釀造日本酒的原料。顆粒比食用米大，在蒸過的酒米加入麴菌，使其發酵，就能釀酒。

紅米

繩文時代從古代的中國傳入日本。質地比白米的「粳米」乾硬，富含維他命和礦物質。

黑米

古代米的一種，顏色帶紫。中國常用它來做藥膳料理，有「不老長壽米」之稱。

綠米

與紅米、黑米一樣，都是從古代中國傳入日本的米。種植於尼泊爾、寮國等亞洲國家。

野米

生長在北美湖泊溼地的禾本科菰屬植物的果實。雖然名稱有米，但它不是米，是草本植物。

▲瓦倫西亞地區的知名料理「西班牙海鮮燉飯」。

▲放入雞肉一起炒的「印尼炒飯」，再配上一顆荷包蛋。

▲以雞湯炊煮的知名料理「泰式雞飯（Khao Man Gai）」。

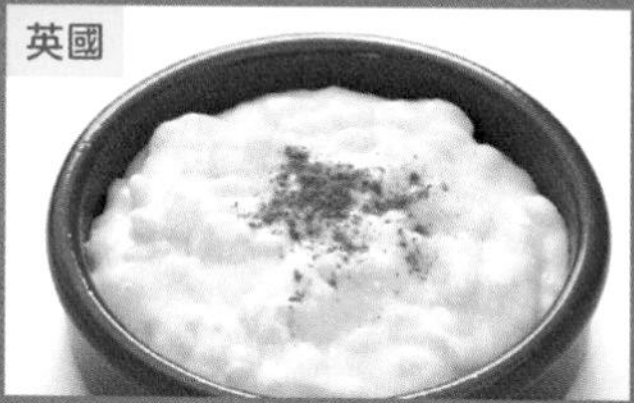

▲印度和土耳其也有的「米布丁」，以牛奶燉煮而成。

▲粥是中國常見的主食，還有各種米食料理。

▲與香料一起炊煮的「印度香飯」。

影像提供／photolibrary、PIXTA

午餐比較

日本將營養午餐（給食）視為食育的一環，通常會用很多當地食材並結合鄉土料理。

北海道

札幌伏見支援學校MONAMI學園分校

炸札幌黃洋蔥蓋飯、芝麻涼拌小松菜、什錦湯、蘋果、牛奶　★「札幌黃」是有「夢幻洋蔥」美譽的稀有品種，從明治時代栽種至今。加熱後更加甘甜。

青森縣

外濱町給食中心

黑舞菇米飯、青森特產味噌奶油醬炒雞肉、陸奧野山菜芝麻拌菜、風太鼓扇貝湯、帶皮蘋果、牛奶　★雞肉使用的是當地土雞「青森syamorock」，風太鼓扇貝湯以青森縣特產小干貝代表太鼓，昆布絲代表風。蘋果是青森縣產品種「津輕」。

新潟縣

柏崎市南部地區學校給食共同調理場

紅豆飯、谷根鮭漢堡排、芝麻涼拌菜、當地蔬菜豬肉湯、牛奶　★以當地谷根川的鮭魚做成漢堡排，不喜歡吃魚的學童也能吃得津津有味。紅豆飯使用新潟縣產的米和糯米煮成。

兵庫縣

丹波篠山市立東部學校給食中心

山椒味噌煮丹波土雞、丹波栗與黑毛豆什錦飯、茶香風味涼拌蘿蔔乾、霧芋雲海湯、小番茄、牛奶　★使用丹波特產的栗子、黑豆、黑毛豆、霧芋（日本薯蕷）等食材。

群馬縣

川場村學校給食中心

米飯、煮黃豆與豬肝、梅漬涼拌菜、好好湯、藍莓、牛奶　★米飯是川場村產的越光米「雪武尊」。「好好湯」是川場村研發的蔬菜湯，放入特產蒟蒻。

富山縣

高岡市立野村小學

日本玻璃蝦金牌蓋飯、奧運風涼拌高岡蔬菜、當地食材精力湯、國吉蘋果優格、牛奶　★蓋飯使用的是有「富山灣寶石」之稱的炸日本玻璃蝦，與高岡產越光米。

拍攝協助／全國學校給食甲子園事務局

日本學校

日本每年都會舉行「全國學校給食甲子園」，在此為各位介紹進入決賽的 12 所學校菜色。

埼玉縣　新座市立石神小學

新座胡蘿蔔飯、茶葉炸西太公魚、咖哩醬汁拌菠菜與小扁豆、聖護院白蘿蔔與豬肉元氣湯、橘子、牛奶　★石神小學的學生到當地農園採收胡蘿蔔，還向埼玉名產「狹山茶」的農家，學習美味茶的泡法。

佐賀縣　佐賀市富士學校給食中心

麥飯、味噌焗烤富士町產茄子與番茄、佐賀海苔拌富士町產菠菜、白玉糰子湯、富士町苣木茶飯鬆、牛奶　★富士町是知名的茶產地。湯是白玉糰子加上蔬菜煮成的。

長崎縣　大村市中學給食中心

蘿蔔乾與蘆筍等什錦蔬菜煎蛋、金平風味當地產海帶芽梗、「NATSUHONOKA」米飯、用料豐富的田舍味噌湯、幸之香夢戀草莓果凍、牛奶　★長崎是草莓傳入日本的地方。

奈良縣　宇陀市立學校給食中心

山菜糯米飯、三色炸大和肉雞佐酒粕奶油醬、奈良風味大和真菜涼拌蛤蜊、春季清湯、牛奶、鶯餡久留美餅（麻糬）　★大和真菜是奈良的傳統野菜，麻糬包的是青豌豆餡。

愛媛縣　西條市立大町小學

佃煮小魚乾、根莖蔬菜味噌湯、不浪費食材金平牛蒡、裸麥飯、橘子、牛奶、愛媛縣吃光光食譜「米漢堡」　★以不浪費食材為主題的特別菜單。

岡山縣　縣立岡山西支援學校

麥飯、海苔美乃滋烤鰆魚、甘醋拌冬瓜、岡山豬與滿滿蔬菜湯、橘子、牛奶　★麥飯使用當地產的大麥。鰆魚是瀨戶內海的春告魚。

※2020 年舉辦的第十五屆大賽公布的菜單內容（報名總數超過 1400 件）。
冠軍是青森縣，亞軍是埼玉縣。

好吃又劃時代！
矚目品種圖鑑

「富士」蘋果、「幸水」梨、「曉」水蜜桃、「清見」蜜柑等，日本農研機構培育出許多最具代表性的水果品種。接下來為各位介紹好吃、易於種植、方便加工且受到各界矚目的改良水果品種。

桃薰

帶有粉紅色的草莓，香氣近似桃子和椰子。盛產期為2～3月，是很受歡迎的情人節禮物。酸酸甜甜的味道很像其親株「豐香」。

戀實

由許多品種雜交而成的草莓，味道很棒，香氣強烈。質地較硬、耐久放，很適合出口至國外。

紅實

從人氣品種「輕津」改良出的蘋果。酸甜的比例平衡的恰到好處，即使在溫暖地區種植，也能呈現漂亮的紅色，果肉不易變軟。

露茜

日本李子和青梅雜交培育的品種。果皮和果肉為鮮紅色，以露茜製成的梅子汁和梅酒，也呈現漂亮的紅色。

Grosz Krone

「藤稔」與「安藝皇后」雜交的品種。顆粒較大，甜度媲美「巨峰」。通常環境越溫暖，葡萄的顏色越不好看。但此品種在高溫下，依舊呈現完美的黑色。

晴王麝香葡萄

「葡萄安藝津21號」與「白南」雜交而成，帶有美麗的黃綠色，顆粒很大。可連皮吃，無須種子即可栽種。

Mihaya

比溫州蜜柑（俗稱蜜柑）大顆，果皮呈橘紅色。11月下旬即成熟，比其他品種早收成。酸味較少，口味甘甜，香氣宜人。

瀨戶香

「清見×Encore No.2」與「Murcott」雜交而成，果皮較薄，果肉甘甜柔軟，入口即化。因此有蜜柑界「鮪魚肚」的美譽。

秋月

「新高×豐水」與「幸水」雜交成的梨子品種，果實很大，圓滾滾的形狀很飽滿。果肉多汁甘甜，淋上優格也很好吃。

Sakuhime

暖冬也能穩定生長的水蜜桃新品種，可適應溫暖環境。果肉較白，酸味較少。開花期比其他品種早，採收期也早，故取此名，為日文開花的意思。

紅春香

引領烤地瓜風潮的番薯界劃時代品種。口感綿密，糖度高，加熱後更甘甜，可當甜點吃。

波羅丹

可輕鬆剝除澀皮的栗子。由「丹澤」品種改良而成，果實大顆又好吃。目前正在研發做成烤栗子和糖漬栗子等商品。

Piruka

美味堪比「男爵」，不易煮爛媲美「五月皇后」，收穫量比這兩個品種更多。凹凸較少，外觀呈蛋形，可輕鬆削皮，省工又不浪費。

印加的覺醒

外型小巧的金黃色馬鈴薯。直接放入微波爐加熱，就能享受綿密甘甜的口感。生長速度快，但不容易保存，屬於稀有品種。

草莓人氣最高！

日本全國的農家和研究機構都在進行品種改良，其中最受歡迎的是草莓。日本約有300種，在海外也具有高人氣。此外，草莓是由前端熟起，因此前端較甜。若從蒂頭開始吃，最後一口最甜。

收穫量排行榜與主要品種

第1名	櫪木縣	「櫪乙女」
第2名	福岡縣	「甘王」
第3名	熊本縣	「熊紅」
第4名	長崎縣	「夢之香」
第5名	靜岡縣	「紅臉頰」

※2019 年日本農林水產省統計。

▲「甘王」草莓。

哆啦A夢 DORAEMON

知識大探索

KNOWLEDGE WORLD

糧食未來生長罐

前言

哆啦A夢搭乘時光機，第一次來到大雄房間的那一天，他從書桌抽屜突然現身時，第一眼看到的食物是年糕。他一邊說著「我長這麼大第一次吃年糕」，然後一口氣吃下三塊年糕。

大家都知道哆啦A夢最喜歡吃銅鑼燒，事實上從這一天之後，年糕也成為他的最愛。哆啦A夢喜歡吃年糕的程度，甚至到了拿出祕密道具「稻田地毯」，和大雄一起種米做年糕。

相信愛吃美食的讀者都能理解哆啦A夢的心情。我們愛吃的美食是怎麼做的呢？又是如何種植的呢？怎麼做才能讓食物更好吃？探究美食的熱情永遠不會消失。

這本書將深入研究種子和基因等食物的根源，為各位介紹能讓食物更好吃、更安全的智慧生產技術。

糧食與農業技術已經邁入大革新時代，哆啦A夢的祕密道具帶來的飲食生活，再也不是夢想。人們可以依照自己想要的特性，改良出新品種水果；透過植物工廠採收比菜田更多的新鮮蔬菜；運用人工智慧打造出無須人類操控的插秧機。感謝日本官方的研究機關「日本農研機構」的協助，藉由本書為各位介紹創造美食未來的各種最新技術。

新的技術帶來新的美食生活。

★日本農研機構是「日本國立研究開發法人農業・食品產業技術綜合研究機構」的簡稱。

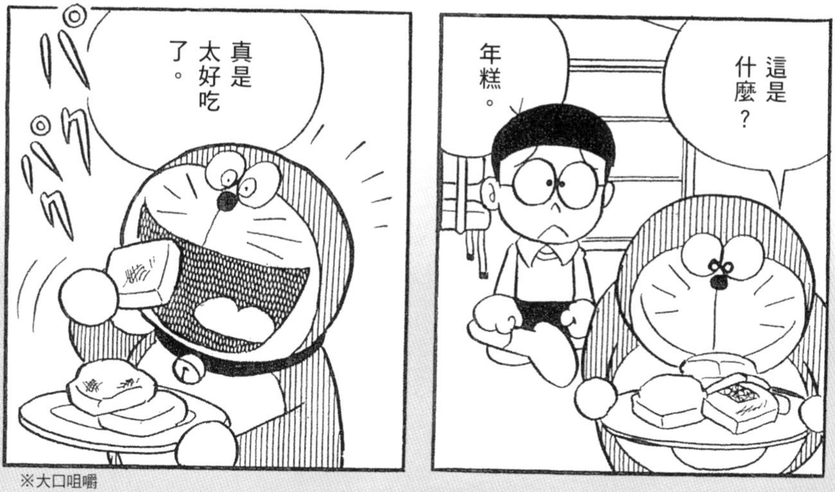

※大口咀嚼

▶節錄自〈來自遙遠的未來〉／哆啦A夢短篇集第一集

糧食未來生長罐

目錄

刊頭彩頁

第1章

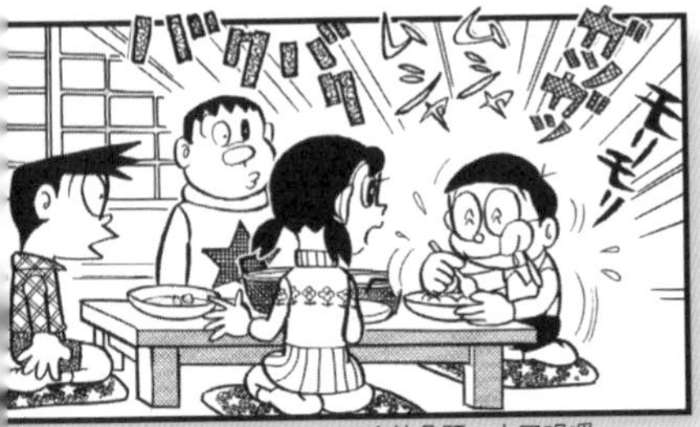

※大快朵頤、大口咀嚼

第2章

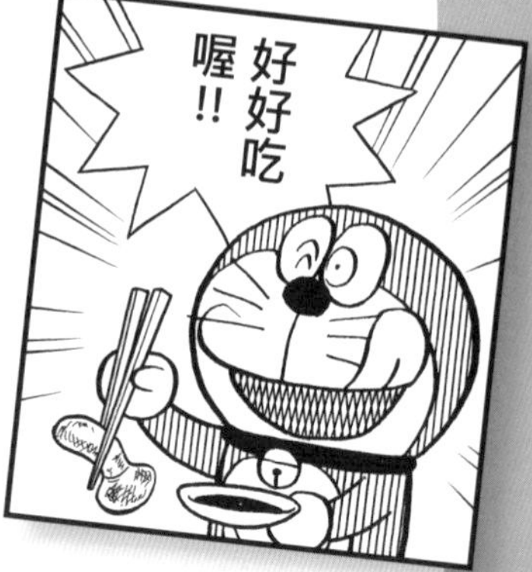

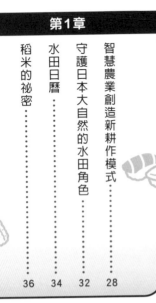

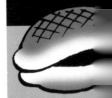

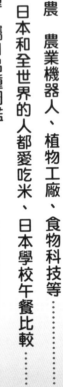

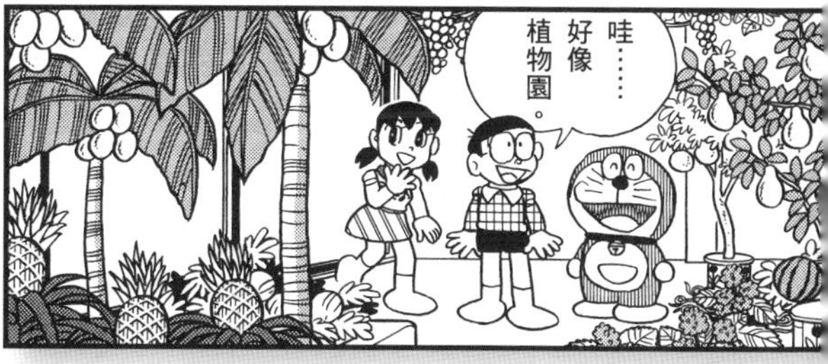

哇……
好像植物園。

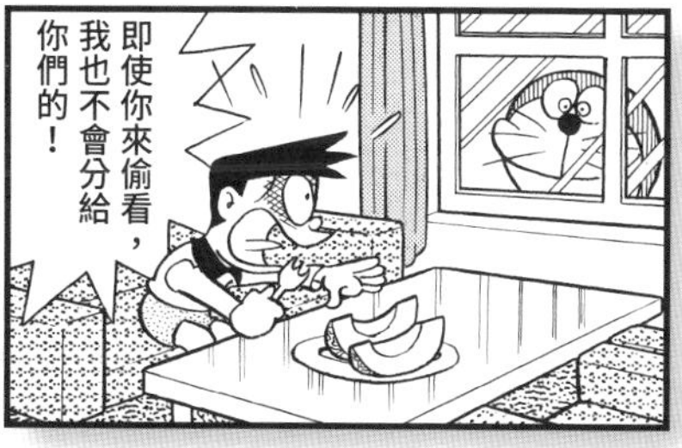

即使你來偷看,我也不會分給你們的!

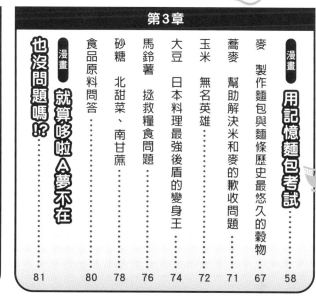

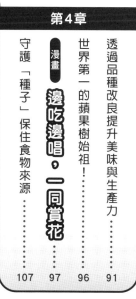

胖虎的料理

我們人類一定要有廣泛的興趣才行。
我也一直在想要培養什麼新的嗜好。
你在研究料理？
沒錯！
試過之後，實在太好玩了。

所以，今天傍晚我要舉行胖虎料理研究發表會，大家都要來參加喔。
真是令人開心啊。
五點左右過來啊。
我們很期待。
之前不是吃過一次胖虎的料理嗎？
就是在之前遠足的時候。
結果我就吐了。
可是……不吃的話會被殺的。
盡量餓著肚子去吧。
就這麼辦。
我就說不想吃啊。
為什麼啊？
這是媽媽花了很多工夫煮出來的耶。
吃的話，會有生命危險的。
你太過分了。
為什麼要說那種話？

原來是這樣。
早說嘛。
「味素之王」。
只要加上這個，不管是多難吃的料理也會變得超好吃。
不管多難吃的料理嗎？
沒錯！就算是媽媽的料理也一樣。
你說什麼？
※撒撒
不要啦，我就說不吃午飯嘛。
好香的味道。
可是不行，要是吃飽，待會就慘了。
可、可是……好像很好吃耶。
不行，我忍不住了。
好吃！
我從來沒吃過這麼好吃的東西。

糧食未來生長罐Q&A

Q 中世紀歐洲人做生意時，以下哪項食物與黃金等值？①可可亞 ②咖啡 ③胡椒

A

③胡椒能去除肉的腥味，延長肉類保存期限，是很實用的食材。歐洲人為了尋找胡椒，在十五到十七世紀展開大航海時代。

再來一盤。
抱歉，已經沒有了喔。
太好了，媽媽的心情也變好了。
可是吃得好撐。
太好了。
今天會讓你們吃到撐的，敬請期待吧！
一點點就行了啦。
不好意思，再等一下。
越晚越感謝。
他準備讓我們吃什麼啊？
我心跳得好快喔。
飄來令人害怕的味道……
請問……這是什麼？
絞肉、醃蘿蔔乾、海鮮漬物、果醬、小魚乾、大福麻糬……還有其他各種材料。
就叫它胖虎什錦鍋吧！
ドロ〜リ

※濃稠

※飄散

反正吃看看就知道了，請用吧。
別客氣啊。
那我開動了。
呃……
如何？是美味、還是好吃啊？
非、非常棒！
※吃得津津有味
真、真的好好吃喔。
看起來一點都不好吃。
我最討厭表面恭維了。
ペチャ ベチャ
パク パク
ムシャ ムシャ
※大快朵頤、大口咀嚼
我第一次吃到這麼美味的食物，麻煩再添一碗給我。
只有你了解我啊……
你才是我的知心好友。

糧食未來生長罐Q&A

Q 俄羅斯與烏克蘭的傳統料理，同時也是世界四大湯品之一的是什麼湯？

A 甜菜湯（羅宋湯）。四大湯品還包括法國的馬賽魚湯、泰國的冬蔭功（泰式酸辣湯）與中國的魚翅羹。

智慧農業創造新耕作模式

日本農民逐年減少，人口老化越來越嚴重。為了解決農業問題，運用機器人、AI（人工智慧）、ICT（資訊及通訊科技）科技的「智慧農業」備受注目。

彌生時代採收農作物的景象

將收穫的米儲藏在高腳式倉庫，避免潮溼與鼠害。彌生時代的米是古代的「紅米」，「白米」是到奈良時代以後才普及，成為貴族階級的主食。百姓大多吃糙米和麥飯。

過去一百年的稻米產量增加三倍！

日本從距今兩千五百年前，也就是繩文時代末期開始種植稻子，彌生時代（西元前十世紀到三世紀中期）正式普及水田稻作。日本有梅雨季，夏季又像熱帶一樣炎熱，氣候很適合種植水稻。當稻米收穫量增加，人們的生活趨於安穩，聚落發展成「國」。八世紀中葉，各地出現廣闊水田，一反（約十公畝，相當於一千平方公里）水田的收穫量約為一百公斤。一千一百年後的明治時代，日本從歐美國家引進各種新的農耕機器，收穫量增加兩到三倍。

隨著稻米品種改良逐漸演進，一反田可以收穫的米已經增加至五百到六百公斤。不僅如此，務農時間也大幅縮減。明治時代一反田的工作時間約為兩百九十小時，如今只要三十五小時即可。農夫拿著鋤頭、鏟子、鐮刀等工具務農的重活，已經完全被耕耘機、插秧機以及聯合收割機取代。

比較過去一百年的演變，收穫量增加三倍左右，勞動

無人操控 農業機器人

◀適合在農田使用的無人農耕曳引機，自動完成耕耘、耙水田或施肥等作業。一開始先由人力駕駛繞農地外圈一周，登錄相關位置資訊後，就能自動行走，完成作業。

▲日本農研機構開發的自動插秧機。只要先在農田外圈以人工方式插秧，剩下的就能由插秧機自動完成，前進與折返都很順暢。農家只須補充秧苗，即可在遠處監控。

時間縮短至八分之一。彌生時代的日本人若是看到現代的農業型態，一定會很驚訝。

透過智慧農業進一步提升生產力

更加出乎眾人意料的農業模式正在悄悄展開，那就是運用先端科技的「智慧農業」。智慧農業有助於解決農家人手不足的問題，還能增加糧食生產量，提升日本的糧食自給率（詳情請參閱第二章），因此深受推崇。

無人農耕曳引機、自動插秧機、自動聯合收割機、割草機器人、噴藥無人機等，是耕田時最實用的機器。這些機器搭載高精準度GPS、自動駕駛系統，無須人力操作，只要利用遙控器或遠端操控就能運作。有些機器只要一個人就能監視操作，對於人手不足的農家來說，是最堅強的夥伴。

此外，目前也正在開發取代人力的感應器及人工智慧科技，例如自動管理農田水位的系統，使用無人機監測作物的生長狀況，結合天候與作物生長的預測和收穫作業的模擬規劃等，方便收集各種資訊。即使是沒有長年經驗或相關知識的年輕人，也能輕鬆種植稻米。

透過智慧型手機管理農田水位

利用特殊感應器測量各項資訊並轉換成數據的技術稱為「感測技術」。將這項技術積極運用在農業，可望進一步提升從育成秧苗到採收的效率。

◀▲這是由日本農研機構開發而成，透過智慧型手機操作的農田水分管理系統。由監測水位和水溫的感應器、控制面板和通訊儀器等機器及太陽能板組成。

管理農田土壤的水分是一項很繁雜的工作。氣溫較低時，為了避免稻作受寒，必須放多一點水；希望稻子往下深根，必須降低水位，讓空氣進入土壤裡。農夫每天都要巡視水田，在種植稻米的過程中，水分管理就占了三成左右的工作時間。

為了減省管理水分的勞力，現在已經開發出可以遠端遙控農田的給水與排水，或是自動控制的裝置。這項裝置透過特殊感應器觀測農田的水位和水溫，農夫可用自己的智慧型手機或電腦確認相關數據，依狀況調整水位深淺。如此一來可以減少七到九成水分管理的時間，農田使用的水量也能削減一半左右。

測量「穗溫」，因應地球暖化

現在已經開發出一種系統，即使不是氣象專家，農夫也能掌握田裡微妙的氣象變化，觀測穗溫（稻穗溫度）。稻米開花時如果氣溫過高，就會出現不結穗或味道變差等情形。隨著地球暖化越來越嚴重，很容易引起這類高溫傷害，不只是氣溫，也要檢測穗溫。從農田裡的氣溫和溼度推估穗溫，將稻米品質低下的風險降至最低。

儲存農業資訊的虛擬圖書館也出現了

既有開發出農業機器人的農機製造商，也有研發搭載在農業機器人上的相機或通訊機器的公司，還有研究稻米病害對策和新品種的學者。來自不同領域的專業人士投入農業界，打破企業和組織的「高牆」，集思廣益創造智慧農業。這就是「農業資訊共享平台」，俗稱「WAGRI」的建構目的。

WAGRI是一個網羅了農地、氣象、土壤、生長預測、市場情報等各種資料的資訊平台，就像一座專門儲存農業資訊的大型圖書館。二〇一九年起，日本農研機構開始運用平台系統，執行支援窗口業務。企業、研究機關和官方組織等透過WAGRI，找出需要的農業數據，投入最新研究與開發。大家一起合作，協助解決農家人力不足的問題，達成提升生產力、改善農業經營的目標。各界也在思考擴大WAGRI，串聯育種、生產、加工、流通到消費等一連串過程，建立「智慧食物鏈」的可行性。

今後智慧農業技術將越來越進步，媲美「年糕製造機」、「稻田地毯」、「農產餐點」等哆啦A夢祕密道具的技術，或許會在進入二十二世紀之前實現！

◀設置在田裡的微氣象監測系統，可持續偵測水田內的氣溫和溼度，而且精準度相當高。

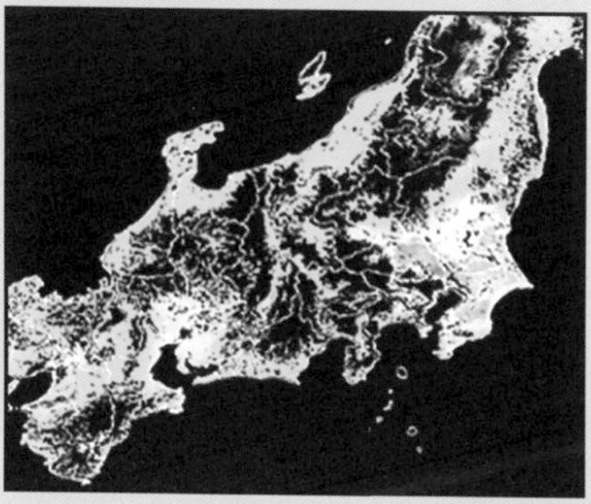

▲稻米開花時段的穗溫分布。此影像係根據局部地區氣象模型（ANEMOS）與穗溫預估模型製作而成。

影像來源／引自根據日本農業氣象學會誌的論文再次編輯的文章、Yoshimmoto 等人 (2011)，Journal of Agricultural Meteorology, 67

▲日本農研機構的超級電腦「紫峰」，從 2020 年開始運作。「紫峰」取自茨城縣筑波山。超級電腦紫峰與農業資訊共享平台 WAGRI 連線，可以從影像中迅速辨別出病蟲害。

守護日本大自然的水田角色

我們的祖先為了取得維持生命的必需物資，例如食物或柴薪，花了許多時間打造農田、小河、菜園、樹林等，這些地方稱為「里地里山」。

農田是多種多樣生物的樂園

過去在人類的努力下，里地里山維持了大自然的平衡，形成對各種動植物來說最易於生存的環境。但如今，里地里山的生物數量急遽減少。

造成這個結果的原因有很多，包括長期使用農藥、破壞環境，以及務農人口高齡化，接班人手不足，導致棄耕田地越來越多。當田地不再有水，原本棲息在此的生物就會消失，此外，用水泥圍起水道，溝渠無法連接水田也是生物消失的原因之一。生物無法從水渠往來田地之間，田地裡的小型生物就會減少，吃這些小型生物的鳥也會減少，逐漸失去了生物的多樣性。

日本各地正在努力恢復農田孕育的豐沛自然生態系，利用家鴨吃雜草，取代除草劑。將水引進廢耕農田，打造適合水生生物棲息的環境。新潟縣佐渡市想要打造與面臨滅絕危機的朱鷺和平共存的里山，致力於減少農藥和化學肥料的農業型態，獲得聯合國糧食及農業組織認證為「世界農業遺產」。

水田的生物危機！

青鱂、大田鱉和日本大龍蝨是水田的代表生物，如今已成為瀕危物種。泥鰍則是近危物種。生物是透過「吃」與「被吃」以及「共生」、「寄生」的關係串聯在一起，形成一個生態系統。即使是一個小變化也很容易破壞生態系統，衷心希望當智慧農業普及之後，仍能守護既有農田的生態系統。

▶大田鱉

利用水田水庫減少水害

日本每年的平均降雨量約為一千七百毫米，是世界平均的兩倍以上。狹窄的土地有著連綿的高山，使得河川流速很快。春天融雪時，河水會一口氣流出日本海；每年梅雨季到颱風季，鄰近太平洋的一側又會遭遇局部暴雨。此外受到地球暖化的影響，日本也經常發生嚴重水患。

水田、滯洪池和灌溉溝渠有助於防範水患，日本水田的耕地面積約為兩百四十萬公頃，可以儲存數十億噸的水，比全國防洪水庫（超過三百處）的蓄水能力還高。防洪水庫可以暫時儲存大雨帶來的水，避免大量的水迅速流入河川裡。只要河川不潰堤，生活在周遭的居民就能安心。為了進一步提高水田的「水庫」功能，必須在連結水田和灌溉溝渠的排水口上，設置水田水庫專用的水位管理器具（排水調整板）等。相關儀器都在開發之中。

水田是維護我們安全不可或缺的環境，衷心期待水田水庫能讓稻子順利結穗。

▲佐渡市打造了朱鷺的覓食場，吸引朱鷺飛來水田，協助生產佐渡越光米「與朱鷺生活的故鄉」。

▲讓家鴨吃掉害蟲和雜草，就能在不使用殺蟲劑與除草劑的情形下種稻。替代家鴨除草的「家鴨機器人」也已經登場。

提高水田水庫的蓄水力

每當豪雨來襲，從水田排水口流入溝渠的水量就會增加，若水溢出溝渠就會引發洪水危機。有鑑於此，必須在水田排水口設置一個開孔的調整板。透過這個方式調整排水量，提高水田的蓄水力，降低水患造成的傷害。

水田日曆

「米」這個字由「八十八」組成，有人認為這代表從插秧到收割需經過八十八道程序。接下來以今昔對照的方式，為各位介紹種植稻米的過程。

3月

打田

翻動整個冬天沉睡的農田土壤，混合肥料與堆肥，打造營養豐富的田地。讓微生物充分運作，使土壤充滿空氣，變得柔軟，促進稻子根部吸收養分。過去都是農夫用鋤頭親自打田，現在則是由曳引機代勞。

▲上圖是 1928 年日本官方的農事試驗場，手動耕耘機和水牛耕耘試作的模樣。下圖是 1951 年日本打造的第一台乘坐型曳引機。

4月

耙水田

在水田放水、攪土的作業稱為「耙水田」，用泥巴固定田畦，方便農夫行走。完成插秧的前置作業。

▶現在用曳引機，以前用馬犁田。

5月

插秧

稻秧是在塑膠布鋪成的溫室中培育，待秧苗長至12公分高左右、長出兩片以上葉子就可以插秧了。插秧機在1960年代問世之後，體積越來越大。以前農夫親自在1000平方公尺的農田插秧，需花30～35小時，現在只要15分鐘即可。

▼插秧機無法進入的狹窄區域，就由農夫拿著拿著 3～4 根為一束的秧苗，以人工方式插秧。

割稻

使用結合收割機和自動脫殼機的聯合收割機收割稻子，還能將稻稈切碎，撒在田地上當成肥料。只收集稻穀（包覆外皮的米），送往負責乾燥和儲藏的建築物。出貨前再利用碾米機，將稻穀去殼製成糙米。一根稻穗可以產出大約70顆米。

注意颱風

農夫必須時時守護稻穗生長，對豪雨和颱風造成的災害保持警戒。讓養分送至稻穗的葉子和莖部，從綠色轉變成金黃色。

依照生長狀態管理水量

農業用水大多仰賴河水，透過灌溉溝渠，再以水管引水入田裡。氣溫上升，稻子就會吸水逐漸生長，農夫必須依照稻子的生長狀態，調整水田水量和施肥。當不降雨的高溫日子持續一陣子，水田就會乾涸，一定要注意這一點。農夫必須在整個夏季管理水量，還要拔除不斷生長的雜草，十分辛勞。

10月　9月　8月　7月　6月

晒乾稻子

以前農夫會將整把稻穀掛在竹竿上，利用太陽和風自然晒乾。據說太陽晒乾的米特別好吃，如今還有部分地區的農家採用這樣的傳統做法。

▲把稻穀倒掛在竹竿上晒乾後，使用腳踏脫殼機（左）與「千齒打殼機」（右）脫殼。

加工稻稈

收割後的稻稈可以當成家畜的飼料或鋪墊使用，以前還會捻成繩子或編成草鞋。

昔部分的影像來源／引自日本農研機構農業機械實驗研究數據檔案

▲脫殼用的「千齒打殼機」（左）以及將稻稈捻成繩子的機器。

稻穗生長

稻葉長到一定程度之後就會結穗且陸續開花。為了確保花可以結成稻穀，必須對抗鳥類和昆蟲的危害。此時就要拿出「稻草人」驅趕鳥類和動物。

▲稻花。從未來將形成稻穀的部位，長出 6 根雄蕊，開花時間約 2 小時。

稻米的祕密

這一節與各位分享白米（糯米）好吃的祕密！

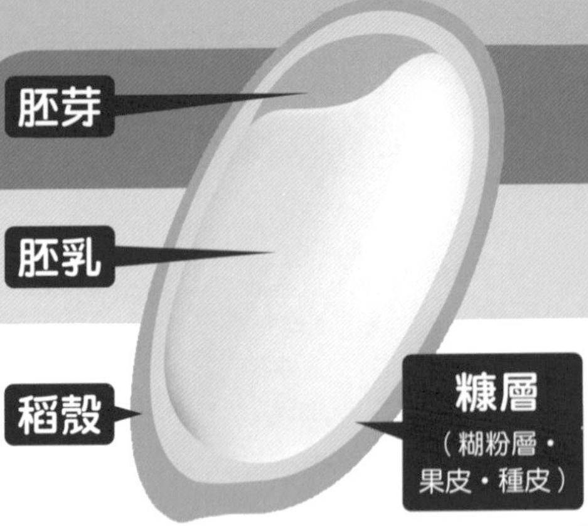

精製是好吃的祕密！

將糙米放入精米機，碾除糠層與胚芽，只留下帶有鮮味的澱粉層胚乳。這樣的米稱為精白米，也是大家最常吃的米。糙米與胚芽米含有的食物纖維與維他命比白米多，喜歡這兩種米的人也不少。

▲精製白米。

▲剛收割的米，外層有稻殼包覆。去除稻殼就是糙米。

一碗飯（150g）的營養價值與作用	
碳水化合物（55.7g）	讓身體活動！
蛋白質（3.8g）	打造身體組織！
脂肪（0.5g）	提供身體能量！
維他命B^1（0.03mg）	改善身體狀態！
維他命B^2（0.02mg）	美肌效果！
鈣（4.5mg）	維持健壯的骨骼與牙齒！
鐵（0.2mg）	將氧氣運送至全身！
鎂（10.5mg）	打造骨骼！
鋅（0.9mg）	製造細胞！
食物纖維（0.5g）	促進排便！

有益身體健康！

碳水化合物、蛋白質、脂質、維他命與礦物質是身體必需的五大營養素。小麥是先磨成「粉」再做成麵包或麵食用，米是維持「顆粒狀」直接吃，在體內慢慢消化吸收。吃飯後比較不容易餓，將脂肪儲存在體內的賀爾蒙分泌也較穩定。簡單來說，吃飯不易發胖，是對身體有益的食物。

只種植好吃的品種！

日本生產的粳米中，大約三分之一是「越光米」。越光米是在新潟縣交配，在福島縣育成的品種。帶有甜味與黏性，米粒有光澤，味道也很香。現在日本的稻子幾乎都是越光米，或是根據越光米的子株改良的品種。生產量前十名皆是如此。

※ 依照 2020 年粳米品種耕作面積排順位

Best 10日本米與主要產地		
1	越光米	新潟縣、茨城縣、福島縣
2	一見鍾情米	宮城縣、岩手縣、福島縣
3	日之光米	熊本縣、大分縣、鹿兒島縣
4	秋田小町米	秋田縣、茨城縣、岩手縣
5	七星米	北海道
6	輝映米	山形縣、香川縣
7	勇往直前米	青森縣
8	絹光米	滋賀縣、兵庫縣、和歌山縣
9	朝日之夢米	櫪木縣、群馬縣
10	夢之美米	北海道

眼睛也可以像嘴一樣吃東西

你們在聊什麼？我也要聽。
沒吃過的人是不會明白的，總之很好吃就對了。
又在炫耀了！
還有烤蝸牛……
一開始就不該聽的。聽了只會心情不好。
你在烹飪學校上課啊？
不是普通烹飪學校，是教高級法國菜的專門學校。
原本是因為好玩才去的，沒想到老師卻吃驚的說：「太太，您真是個天才!!」
昨晚我試著在家做了全餐。
我先生和小夫都說，不輸給一流餐廳的主廚呢！

糧食未來生長罐Q&A

Q 法國料理「法式烤田螺」使用的是什麼食材？①青蛙 ②蝸牛 ③兔子

我回來了。
回來了啊！
啊啊，真好吃。
今天就這樣吧！
好吃……你在看什麼啊？
銅鑼燒的照片!?
你持續盯著照片看。
咦？我感覺到銅鑼燒的味道了。
甜味在口中慢慢散開……
好像真的吃到了！
「食品視覺化瓦斯」。
這是為忙到沒時間吃飯的人發明的。
只要噴在食物的畫或照片上，就可以用眼睛吃。

A ②用的是吃葡萄葉長大的食用蝸牛，據説很好吃。這是在法國養殖的品種。

有沒有看起來很好吃的照片還是畫呢？
法國菜!!
我在結婚之前也學過啊!!
※咚咚咚
※啪
看著食譜，也一樣做得出來……
ドスドス
バアン
對、對不起!!
我們再也不敢了。
不敢什麼？
沒事……
因為媽媽看起來非常生氣，所以先道歉。
今天晚上我要做好吃的法國菜，你們好好期待吧！
什麼!?
今天吹了什麼風啊？
天曉得……
不過，真令人期待。

糧食未來生長罐Q&A

Q 銅鑼燒的「銅鑼」是什麼？①哆啦A夢 ②龍 ③樂器

A

③名字的緣起眾說紛紜，有說是「夾紅豆餡的圓形外皮很像銅鑼」，也有說是「用外型很像銅鑼的金屬板烤成而得名」。

※呼呼

Q 菲力牛排是牛的哪個部位？

※法國料理大全集

家庭料理
中華
フランス料理大全集
這裡有很棒的書。
有很多看起來很好吃的照片喔。
噴上瓦斯後……
叫我看食譜也填不飽肚子啊。
先別那麼說嘛！
先從這個「海龜湯」開始看吧！
我只要有泡麵就好了，我想吃……真的……
咦!?
好香……整個嘴裡都是湯的味道……
第一次喝到這麼好喝的湯。
這個菲力牛排應該也很好吃喔！
還是要試試看北京烤鴨？
我吃飽了。
要回去了嗎？
今晚媽媽要做大餐耶！
不了，這樣應該可以撐個兩、三天。
肚子餓的話，就再來看吧！

A 腰部到接近背部內臟的部位。菲力牛排是肉質柔軟的高品質牛肉。菲力再往上的部位是「沙朗牛排」。

真有趣，再試一下吧！
別試了，知道效果就夠了。
在吃晚飯前先看個電視。
カチ
噴在電視上會怎麼樣呢？
什麼也沒有。
因為不是食物嘛！
哈密瓜點心，新發售!!
啊，這個好吃。
大補帖泡麵來囉!!
めん
這個也好吃!!
久等了，這是松茸茶泡飯!!
新產品全都吃得到耶！
糟了，肚子有點飽了。

Q 世界三大美食是鵝肝、松露（一種塊菌）和哪種食物？

真是的，連點像樣的東西都沒賣。
材料買不齊。
像是鵝肝醬、松露，都買不到。
一般超市當然沒賣啊。
我研究一下能用現有材料做出的法國菜。
好像還要一段時間。
讓靜香嚇一跳吧！
有時我想做些特別的蛋糕，
但是不曉得哪一種比較好吃。
おいしいケーキのつくりかた
用這個試試看吧！
※散開
咦……這個好吃！
這個也不賴。
這也很棒。

A 魚子醬。用鹽醃漬鱘魚卵而成的食物，在法國料理經常被當作前菜的高級美食。

糟了!!
越來越飽了。
再見啦!!
好可憐喔。
胖虎你居然搶小孩子的故事書……
我才沒有搶，只是借來看一看而已。
ヘンゼルとグレーテル
我很喜歡這個糖果屋的圖。
對了，我小時候也曾幻想過……
如果能住在這裡，就可以吃很多好吃的點心了。
對吧！我也是！

※撒
美夢就要實現囉！
プシュ
哇啊！真好吃!!
好吃!!
即使大家一起看也不會減少，真好。
好撐。
不小心吃太多了……
食譜看著看著，就覺得好飽……我都撐到不能動了。
我回來了！
法式大餐做好了嗎？
從這本書，
挑喜歡的去看吧。
フランス料理大全集
※法國料理大全集
吃太多了，好難過～
味道是不錯，不過……
總覺得不太實在……

日本飲食史

帶各位回顧日本繩文時代到昭和時代的「飲食型態」。

繩文時代　約1萬3000年前～

當時的日本人狩獵野豬和野鹿，捕魚，採集野草，或烤或用陶器烹煮。也會將植物的果實磨成粉，做成麵包或餅乾。

彌生時代　約2400年前～

開始以水田種植稻子，也開墾菜園種植蔬菜、豆子與雜糧。當時的米以紅米居多，使用比繩文陶器更薄、更耐用的陶器煮米。

古墳時代　3世紀末～6世紀

當時的人們親手做灶，再以陶器蒸米。

飛鳥時代　6世紀末～7世紀

建立朝廷之後，身分的差異也表現在飲食上。貴族吃的是蓮子飯、烤鮑魚、鴨湯等山珍海味；百姓吃的是糙米飯、燙青菜、海藻湯與鹽（左）。當時是用湯匙吃飯。

影像提供／奈良文化財研究所

奈良時代　710年～

與中國的交流越來越頻繁，從中國傳入各種蔬菜、砂糖、料理方法和用筷子吃飯的習慣等。

▶重現日本皇族長屋王的飲食
①以蓮葉包⑭的蓮葉飯
②柿子乾與草麻糬等
③醃茄子　④醬菜
⑤蘇（熬煮鮮奶製成）
⑥烤鮑魚
⑦竹筍與蜂斗菜等
⑧烤蝦子　⑨海參乾
⑩章魚乾　⑪生牡蠣
⑫鹽辛（海鮮醃漬品）
⑬醋拌生魚絲
⑭蓮子飯　⑮醬（發酵食品）
⑯鹽　⑰鴨湯

料理重現・審訂／奧村彪生　影像提供／奈良文化財研究所

平安時代　794年～

百姓上繳各種食材抵稅，貴族就用這些食材製作豐盛料理。基本上盛飯時一定要像山一樣尖尖的。

鎌倉・室町時代　1185年～

進入武士時代，基本上以「一菜一湯」為主。味噌和納豆也在這個時代出現，避開葷食的「精進料理（素食）」逐漸普及，發展出依照客人喜好變換菜色的「本膳料理（宴客菜）」。

安土桃山時代　1568年～

南蠻貿易（日本與葡萄牙、西班牙等國的貿易行為）為日本帶來長崎蛋糕等點心，還有番薯、南瓜、玉米等蔬菜。茶道普及，發展出品茶前吃的「懷石料理」。

◀1582年織田信長在安土城宴請德川家康的本膳料理（重現）。梭子蟹、野雞、鶴等珍貴食材都成桌上佳餚。

料理重現・審訂／奧村彪生
影像提供／御食國若狹小濱食文化館

江戶時代

1603年～

引自《職人盡繪詞》／日本國立國會圖書館藏

隨著社會穩定，陸續鋪設連接各地的道路，人員往來更加頻繁，孕育出外食文化。最受歡迎的外食菜色包括蕎麥麵、壽司與天婦羅，此時已經出現所有菜色一律賣四文（約80日圓）的「四文屋（四文料理店）」。

明治、大正時代

1868年～、1912年～

隨著西化越來越深，歐美的飲食文化逐漸普及，蛋包飯、紅豆麵包等和洋合璧的食物也躍上檯面。一般家庭的廚房將舊式爐灶換成瓦斯爐，可樂餅、豬排與咖哩飯成為人氣家常菜。

▶大正時代可以看到身穿和服的日本家庭，圍著鋪桌巾的矮桌吃飯的和洋合璧情景。

引自《三百六十五日　每日的家常菜》／日本國立國會圖書館藏

昭和時代

1926年～

戰爭期間糧食嚴重不足，糧食採配給制。戰後日本人常吃麵粉做的「麵疙瘩湯」，麵包和麵食也越來越多。即食與冷凍食品在經濟成長的1970年代普及，速食店和超商也在此時登場。

▲1941年太平洋戰爭期間糧食的配給所。

影像來源／Wikimedia Commons

▶一九七一年，日本第一家麥當勞開幕。照片是一九七二年的麥當勞京都店。

影像提供／the Nick DeWolf Photo Archive

日本面臨食物困境？

二〇一三年，「和食」被認證為無形文化遺產。日本飲食文化的聲譽在國際上日漸高漲，但「糧食自給率」偏低和糧食危機的陰影揮之不去，這是日本要面對的隱憂。

「和食」是傲視國際的文化，可是……

和食主要有四大特色：一、調理時尊重新鮮蔬菜與海鮮的原味；二、善用昆布、柴魚的「高湯鮮味」，屬於動物性油脂較少的健康飲食；三、重視季節感，擺盤優美，使用美麗器皿；四、從新年的年節料理到除夕的年夜飯，飲食與一整年的重要節日息息相關。

日本國土南北狹長、四季分明，各地都有特別的山產與海產。由於食材豐富，得以烹煮突顯原味的料理。聯合國教科文組織以「和食：日本人的傳統飲食文化」之名，將日本飲食列入無形文化遺產。

無形文化遺產指的是應當成世界之寶好好保護的無形

▲年節料理全都是日本傳統菜色。根據某項調查，市售年菜的主原料超過半數是進口食材。

什麼是糧食自給率？

糧食自給率大致分成「項目別糧食自給率」與「綜合糧食自給率」，根據熱量和生產額計算而成。

●以熱量為計算基礎的糧食自給率

假設每人每天吃下去的食物所產生的熱量為 2426kcal，其中日本產食物只能製造出 918kcal，代表糧食自給率為 38%。

●以生產額為計算基礎的糧食自給率

假設所有食物的消費金額為 15.7 兆日圓，其中日本產食物的生產額為 10.3 兆日圓，自給率為 66%。生產額為「價格 × 生產量」的金額。

※ 以熱量為計算基礎的糧食自給率，日本為 2019 年度，其他國家為 2017 年度的比例／引自日本農林水產省・糧食自給率官網

文化，例如祭典、傳統工藝技術等非物質形式的智慧財產。和食雀屏中選確實值得日本人驕傲，但保護狀態並不周全，令人覺得有些遺憾。日本人的生活離和食越來越遠，這也與「糧食自給率偏低」脫不了關係。

處於最低標的日本糧食自給率

糧食自給率指的是一個國家自行生產的糧食可以滿足國內消費需求的比例※。加拿大為百分之二五五、澳洲為二三三、美國為一三一、法國為一三〇、德國為九十五、英國為六十八，但日本只有百分之三十八（台灣為百分之三十一點三）。與主要先進國家相比，日本的糧食自給率相當低。最大的原因在於日本的飲食生活急遽的從和食轉換成洋食。一九六五年的糧食自給率達百分之七十三，可惜隨著大量使用麵粉、肉類、油的西洋飲食越來越普及，糧食自給率一年比一年低。由於日本並未生產上述食材，想吃就必須進口。

也有人認為既然現狀如此，那就來種符合現代生活型態的食材，無奈現在的日本既沒有農地，人手也不足，與一九六五年相較，田地減少約兩成五，農業就業人口減少約八成。假設所有進口農作物都改成在日本國內種植，必須將三分之一的國土改成農地才行。

雞蛋96%
黃豆6%
海鮮56%
米97%
蔬菜79%
海藻65%
果實類3%
小麥16%
芋薯類73%
肉類52%

▲項目別糧食自給率（以重量為計算基礎／2019年度）。小麥、肉類和果實類食物偏低，黃豆的加工食品大多使用進口商品，因此數值也偏低。

▲由於農田變成住宅用地，或是因為沒有接班人而廢耕，導致農地減少。

增加「國產糧食」提升自給率！

多吃國產食材是提升糧食自給率的關鍵。如果所有的人每天多吃一口國產米煮的飯，國產米的糧食自給率就能增加百分之一；每個月多吃兩塊百分之百使用國產黃豆做的豆腐，國產黃豆的糧食自給率就能增加百分之一；每個月多吃兩碗百分之百使用國產小麥做的烏龍麵，國產小麥的糧食自給率就能增加百分之一。

不僅如此，使用適合現今飲食型態的穀物品種與最新的農業技術，提升糧食生產力也很重要。開發適合製作米麵包的稻米品種，以及符合日本風土的義大利麵小麥品種，利用植物工廠和自動駕駛插秧機，推廣生產效率較高的智慧農業。

漸少食物里程

多吃國產食材還能守護地球環境。

「食物里程」是用來表示食材從多遠的地方運來的指標，數值越高，代表運送時耗費的燃料和排放的二氧化碳較多。日本糧食大多依賴進口，食物里程在世界各國中偏高，對於環境的影響不容小覷。

若能多吃國產和當地生產的食材，不只能提高糧食自給率，還能減少食物里程。注重「地產地消」，盡可能吃當地食材，消費者可以吃到現採的新鮮蔬果，也能確保食物品質，讓人吃得安心。

▲若是糧食輸入受到限制，每天吃的菜色就要以國內易於生產的「米飯、蔬菜和芋薯類」為主。

▲餐廳和烘焙坊使用當地生產的蔬菜、小麥和牛奶，同時推廣地產地消的營養午餐。

▶為了在東京吃到麵包，從美國進口 150g 小麥，運送距離為 1 萬 327km、二氧化碳排放量約為 145g。若從北海道空運國產小麥，運送距離只有 831km、二氧化碳排放量只有 34.7g 左右。

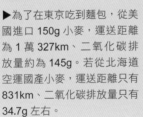

二〇五〇年將面臨糧食缺乏的問題？

全世界的人口約有八十億人，預估到了二〇五〇年，人口將達九十七億。印度與巴基斯坦等亞洲國家，以及奈及利亞、衣索比亞等非洲國家，人口仍在逐漸增加。根據聯合國糧食及農業組織的預測，若在二〇五〇年之前，糧食生產無法提高一點七倍，全世界將面臨嚴重糧食缺乏的問題。

糧食自給率較高且具有經濟實力的國家，可在國內生產足以供應國民需求的糧食，還有餘力出口至其他國家，壯大本國實力。但是，經濟實力較低，人口穩定增長的發展中國家又會如何呢？這些國家即使面臨糧食不足的問題，也沒有能力從海外購買糧食。

綜觀全球，十人中有一人無法吃飽，大約九成的飢餓人口來自亞洲和非洲國家。導致飢餓的原因包括存在已久的貧窮、國內動亂、異常氣候引起的乾旱等，加上這幾年全球蔓延的新冠疫情，導致饑荒狀況越來越嚴重。

與穀物有關的國際情勢

米、玉米、小麥、大麥等主要穀物都是在廣大土地中耕種，遇到災害或異常氣候，往往遭受嚴重損失。作物歉收不只出口量限縮，交易價格也會高漲。此外，近年來全世界的肉類消費增加，牛隻和豬隻吃的飼料穀物需求大增，穀物還被用來製造生質燃料，用途越來越廣。這個現象使得穀物生產量成為國際社會勢力消長的關鍵。

除了米之外，日本的穀物都仰賴進口，很容易受到上述國際情勢的影響。為了避免糧食不足，必須隨時儲備米和小麥。糧食是人類生存的基本需求，「以防萬一」的因應對策至關重要。

▲發展中國家面臨貧窮、國內動亂、乾旱、人口增加等問題，在經濟上與先進國家的差距越來越大，進口糧食越來越困難。

▲停止進口穀物和肉類將造成嚴重問題！提升糧食自給率，將日本產糧食出口至國外，就能取得平衡。

全世界「米飯」大比拚

米、小麥、玉米、豆類和芋薯類是世界各國主要的主食，每樣食材都富含碳水化合物，吃下去之後可轉化為身體需要的熱量。日本和台灣都是稻米之國，大家可能不太清楚，其實以豆類和芋薯類做成的主食也很好吃。

荷蘭

荷蘭的四分之一國土位於海平面以下，素有「水國」的稱號。利用風車的農耕開墾技術一直很先進，建造大型溫室，是世界數一數二的農業國家。此外，荷蘭的酪農業也很興盛，高達起司與艾登起司舉世聞名。荷蘭人常吃馬鈴薯，煮湯並搭配裸麥麵包一起吃。

韓國

韓國人認為飲食兼具酸甜苦辣鹹的「五味」，加上辣椒的紅、黃豆與蛋黃的黃和白、蔬菜的綠、海苔的黑等「五色」，有益身體健康。他們吃飯時會搭配許多小菜。「石鍋拌飯」（上圖）是最具代表性的料理。「冷麵」與「刀削麵」等麵類也十分受歡迎。

土耳其

土耳其是亞洲、歐洲與遊牧民族文化相互交融的國家。主食為麵包，但也吃「Pilau」（上圖），中文翻譯是「抓飯」或「香料飯」，也是「Pilaf」的語源。土耳其的抓飯已成為國際美食，鷹嘴豆泥也很出名。添加從蘭花球根萃取的澱粉製成的冰淇淋可以拉很長，好吃又好玩。

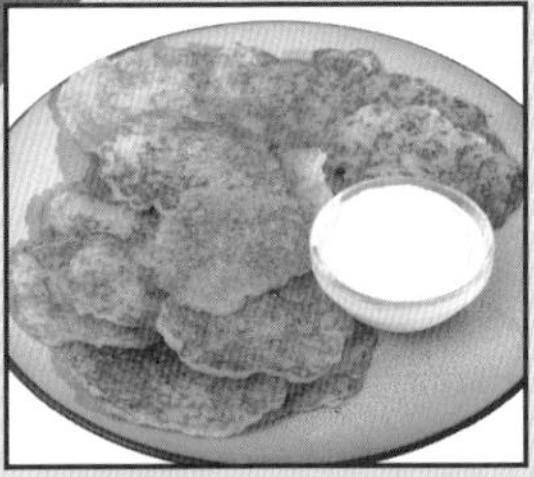

白羅斯

白羅斯是一個鄰接俄羅斯的東歐國家，該國馬鈴薯的消費量位居世界第一。每人平均一年要吃掉170公斤的馬鈴薯（約為日本的八倍），幾乎可以戲稱為「馬鈴薯人」。將馬鈴薯磨成泥後塑形煎成的「馬鈴薯餅」，是白羅斯的傳統料理，通常會沾酸奶吃。

影像提供／ photolibrary、PIXTA

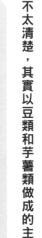

巴西

木薯（樹薯）和菜豆是巴西人最常吃的主食，淋上「燉菜豆」的「烤木薯粉」是巴西的經典家常菜。巴西的牛肉生產量排名世界第二，僅次於美國，因此還有許多美味的肉類料理。

秘魯

馬鈴薯的原產地是安地斯山脈，該山脈也橫跨過秘魯境內。秘魯的主食為馬鈴薯，光是食用的品種就有高達3000種。淋上起司的「萬卡約馬鈴薯」是最受當地人歡迎的吃法。此外，秘魯人也常吃米和玉米，還有以紫玉米做成的營養飲料「紫色奇恰」。

越南

越南的氣候與土地環境很適合種稻，每年可以收穫兩到三次。看起來很像日本棊子麵的「越南河粉」（上圖）與生春捲皮，都是用米加工製成的。19世紀後半到20世紀前半，越南曾經被法國統治。受法國影響，以法國麵包製成的「越式法國麵包」也成為知名美食。

迦納

將山藥或木薯搗碎後蒸熟的「富富」，是迦納知名的主食。像麻糬一樣，用杵和臼將山藥或木薯搗出黏性。吃的時候抓取一塊富富，沾附用肉類和蔬菜煮的湯（上圖）。除此之外，加入辣椒炊煮的「加羅夫飯」也非常有名。

墨西哥

墨西哥是玉米的原產地之一，以玉米粉做的「墨西哥薄餅」為主食。裡面通常會包著肉類和蔬菜，以及由辣椒和番茄做成的「莎莎醬」，或是以酪梨做的「酪梨醬」一起吃。墨西哥料理大約有7000年歷史，是聯合國教科文組織認證的無形文化遺產。

印度

印度的飲食文化有南北之分，南印有許許多多米飯料理，北印則以麵粉做的圓形印度麥餅，或貼在爐壁裡烤的印度饢餅（上圖）搭配咖哩食用為主流。受到當地宗教的影響，許多料理會以豆類或乳製品取代肉類。印度人吃飯會用手抓食，而且不用左手，只用右手。

杜絕剩食與不正常的飲食習慣

有人吃不飽，卻有人浪費許多食物。還有人和家人住在一起，卻自己一個人吃不同食物。食物也是一般家庭常見的問題哦！

杜絕剩食！

剩食指的是將可以吃（吃不完）的食物丟掉的浪費行為。剩食的問題不只是「浪費」，焚化食物還會排放大量二氧化碳。日本每年要丟掉超過六百萬噸的食物，這是日本援助給貧窮國家食物量的一點五倍。五成四的剩食來自於餐廳、超市等未售出的食材，以及食品製造商的瑕疵品，學校的營養午餐也是來源之一。剩下的四成六來自於一般家庭，換算下來，每一位日本人每天都要丟掉一碗分量的食物。

為了減少剩食，各位一定要注意以下三點：

①無論在家或在外用餐都要吃完，做菜和點餐時要考慮自己吃得下的分量。

②採購食物時從貨架前方、保存期限較短的商品拿取，不要在意外包裝的輕微損傷。

③如果家裡食物太多，請捐贈給「食物銀行」，讓他們分送給沒東西吃的家庭。

▲將食物分成每天吃的新鮮食材、可以保存的食品以及緊急避難糧食，善用食物銀行。

▲市公所等地方政府機構、學校和民間公司都會舉辦捐贈食物給食物銀行的活動。

避免不正常的飲食習慣

現在的日本家庭有越來越多不正常的飲食習慣，主要為以下九種型態：

【孤食】一個人孤零零的吃飯。**【子食】**讓孩子自己吃飯，沒有大人陪同。以上兩種飲食習慣都不好，最大的顧

▲▼照顧家中有困難的孩子們，並供應餐點的「兒童食堂」日漸普及。

處是無法和家人聚在一起吃飯，可能會讓人失去與社會的連結，孩子也無法學到用餐禮儀。

【固食】只吃固定食物或料理。只吃自己喜歡的食物，容易營養失衡。

【個食】全家人都吃不一樣的食物，這樣的飲食習慣讓做飯的人很辛苦，既無法讓家人互相包容、和睦相處，也很難產生羈絆。

【濃食】只吃重口味料理。這個飲食習慣會使味覺變得遲鈍，分不出食材原味和細微的調味差異。

【粉食】只吃麵粉做的麵包和麵食。這類食物不太需要咀嚼，長期下來對身體不好。

【戶食】只吃外食。容易吃不夠蔬菜、乳製品，且會攝取過多脂質與鹽分。對於家人的感謝亦會不足。

【小食】每餐分量很少。熱量和營養攝取不足，就無法維持身體需求，使人無精打采。

【虛食】沒有食欲，吃不下。不吃早餐無法喚醒大腦與身體，一大早就缺乏活力。

從以前我們就習慣用「吃同一鍋飯」來形容自己與他人的親近程度，建議各位多與家人親友一起吃飯，邊吃邊聊，熱鬧的享受「同一鍋飯」吧！

用記憶麵包考試

※手忙腳亂

完蛋了，完蛋了啦！
ドタバタ
怎麼辦!?
唔～～
我完全看不懂……
你從剛才就在慌張什麼啊？
明天同時要考國語和數學。
那幹嘛拿水壺和枕頭？
雖然一點關係都沒有，
但這就表示我很慌張啊！
完蛋了，完了啦！

什麼嘛……
喂！你不幫我嗎？
我都表現得這麼慌張了。
這樣下去肯定會拿零分的！
那就用這台電風扇……
願意幫我了嗎？
哆啦A夢果然可靠！
只要把學校吹走，就沒有考試了。
那太粗暴了!!
那用這個動物燈，把老師變成猩猩……
認真幫我解決啦！
平常不用功，是你自己不對。
人家以後會好好用功啦！
就幫我這次啦！

糧食未來生長罐Q&A

Q 麵包的英文是「bread」，日文的「パン（麵包，讀音同胖）」是來自哪個國家的語言呢？

A 葡萄牙。據傳一五四三年，葡萄牙籍耶穌會傳教士帶著鐵炮和麵包（pão）造訪日本。

用「記憶麵包」吧！
把麵包蓋在筆記上，
讓字印上去。
※嚼嚼
再把麵包吃掉。
モグモグ
？
這樣一來你就會完全記住這一頁所寫的所有內容。
咦？真的嗎？
試試看吧！
2乘以多少會等於6？
答案是3！
看吧！成功了!!
把數學和國語的筆記、課本、還有作業拿出來……
全部都記住，考試應該就沒問題了。
太好了。

沒想到最重要的那頁竟然被撕掉了。
對了，之前擤鼻涕時因為沒有衛生紙……
你搞什麼啊!?
多給我一點「記憶麵包」吧？
我去借朋友的筆記來印。
好髒啊……
因為我很用功啊。
一點都不想印在麵包上……
不愧是靜香，真乾淨，我就用這本吧！
有這麼簡單的話，就不用辛苦唸書了。
我對記憶很有自信喔。

糧食未來生長罐Q&A

Q 草餅的「草」指的是什麼？①繁縷 ②魁蒿 ③抹茶

A ②在麻糬皮加入煮過的魁蒿（菊科野草）葉，是雛祭（女兒節）常見的供品。過去是用鼠麴草做的。

你不是班上最健忘的嗎？
呵呵呵～
讓你瞧瞧我的厲害。例如這本電話簿……
大口
吞下
咀嚼
咀嚼
？
開頭的前幾頁，我全都記住了。
阿井上男的電話號碼是……
一二三四五六七八。
柿久家子呢？
九九九……
好厲害，全都講對了。
這只是小意思。
要考一百分，對我來說是理所當然。
真好。
來吃點心吧！

這個麻糬真好吃～
只顧著看漫畫和吃東西，你不唸書嗎？
開始唸書吧！
用記憶麵包……
唔……
嗝～
要等肚子裡的東西消化完才行。
不好意思，筆記借我回家。
你去哪了？要吃飯囉！
我不想吃。
你的意思是，不想吃爸爸我做的飯嗎？
今天是母親節喔！
真好吃呢！
嗝～

糧食未來生長罐Q&A

Q 日式點心鶯餅是日本哪位知名武將取的名字？①織田信長 ②豐臣秀吉 ③德川家康

唔……
已經吃不下了……
記好了嗎？
完全沒記。
虧我還給你麵包耶!!
我把筆記本借回來了，現在要開始記啦！
唔……
嗯——
我、我真的吃不下去了啦！
用水灌下去。
唔嗯～
我、我已經不行了……
拿零分也沒關係嗎？
無論如何全都要吃下去。
好痛苦～

A ②奈良的點心師傅為了準備宴請豐臣秀吉的茶會，想出在麻糬撒上黃豆粉的作法。豐臣秀吉將這款點心命名為「鶯餅」。

隔天早上
好了嗎？
還沒啦！
快點出來啊！
咦？大雄已經在廁所待了一個小時了!?
吃太多把肚子搞壞了？糟糕！
記住的東西都拉出來了吧？
從第一頁重新開始吃吧！
唸書真辛苦。

麥 製作麵包與麵條歷史最悠久的穀物

麥子主要分成小麥和大麥，不只可做成麵包、麵條等主食，也是天婦羅的麵衣、蛋糕的原料。人類種植麥子的歷史比稻米更悠久。

小麥改變了日本的飲食文化！

小麥是全世界種植最多的穀物，日本每年每人吃超過三十公斤的小麥。不過，相較於幾乎百分之百國產的稻米，國產小麥的生產量相當少。日本每年的小麥消費量中，大約八成來自美國、加拿大與澳洲。

小麥和製作麵條的技術從中國傳入日本，奈良時代出現了細麵和烏龍麵的原形。話說回來，小麥是在乾燥地區生長的植物，淋雨很容易流失養分。日本的氣候比較適合種植稻米。

小麥食品在二十世紀中葉，也就是第二次世界大戰戰敗之後普及於日本。受到糧食嚴重不足和經濟政策等影響，日本大量進口麵粉。政府鼓勵民眾吃麵包，各地

▲草高約一公尺。五月開穗狀花，穗上交叉結出三顆麥子。禾本科植物。

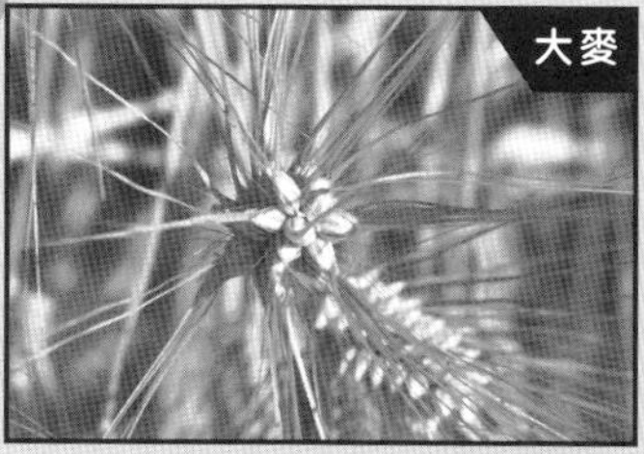

▲高約一公尺。六條大麥的穗可結出六排小顆麥子；二條大麥可結出兩排大顆麥子。

▲又稱為「皮燕麥」，是與大麥、小麥不同的禾本科植物。麥粒炒過之後，壓扁食用。通常做成燕麥粥（照片）或燕麥片。

- 麥
  - 大麥
    - 六條大麥：做成麥茶或大麥片等
    - 六條裸麥：主要做成味噌
    - 二條大麥：做成啤酒或燒酎
  - 小麥：做成麵包和麵條等

也出現了好幾間拉麵攤。一九五八年，日清食品創辦人安藤百福開發出全世界第一款泡麵後，新型態麵食出現在社會的各個角落。

此外，搭配麵包的食材，包括肉類、蛋、乳製品的需求增加，生產這些食材的家畜需要飼料，也就是小麥、玉米和黃豆。由於這個緣故，日本大量進口稻米以外的主要穀物。

目前已經開發出日本也能種植的各種小麥，最有名的是可做出蓬鬆麵包的小麥品種「夢之力」，還有適合做義大利麵的小麥品種「Setodur」，國產小麥的生產量正逐漸增加之中。

日本產小麥引發的「綠色革命」

誕生於日本的小麥品種「小麥農林十號」，以「NORIN 10」的名號揚名國際，還曾經解救世界。

一九三五年，育種家稻塚權次郎在岩手縣農事試驗場成功開發出「小麥農林十號」。這種小麥的特性是草長較低，不易傾倒，成長速度快，收穫量較多。雖然日本並未普及，但美國農業學者諾曼・布勞格博士注意到

食物小故事

營養午餐「油炸麵包」的由來

「油炸麵包」是日本營養午餐中，最受學童歡迎的菜色之一。油炸麵包誕生於 1952 年，當年日本爆發流行性感冒，東京都大田區立嶺町小學有許多學生請假，剩下許多長餐包。該校調理師篠原常吉想讓請假在家休養的學生補充體力，靈機一動，想出油炸麵包的點子。後來，篠原參加學校營養午餐大賽時，以油炸麵包奪下冠軍。由於這個緣故，油炸麵包成為營養午餐的基本菜色，擴及全國。

▲一九五〇年代的營養午餐大多是油炸麵包、少量配菜，以及脫脂奶粉泡的牛奶。當時美國援助的物資以麵粉為主，因此做成長餐包。圖片為再現版的一九七〇年代營養午餐。

▼將長餐包下鍋油炸後，撒上砂糖或黃豆粉。油脂可鎖住麵包水分，即使放一段時間依舊好吃。

影像來源／Project Kei via Wikimedia Commons

這款改良品種。一九六〇年代，人口不斷增加的發展中國家糧食嚴重不足，布勞格博士利用小麥農林十號開發出結許多麥穗也不傾倒，可在熱帶地區種植的新品種。接著將新品種帶到印度和巴基斯坦等國家種植，拯救了陷入饑荒和營養失調等健康問題的人們。

與此同時，博士還開發出收穫量較多的米和玉米品種，使用化學肥料和農藥，提高栽培效率的方法逐漸普及，使全球穀物類的收穫量倍增。

一九七〇年，布勞格博士獲頒諾貝爾和平獎，開發小麥品種引起的農業改革也被稱為「綠色革命」。如今繼承小麥農林十號基因的品種，全世界已超過五百種。

▲改變全世界小麥的稻塚權治郎與布勞格博士在 1981 年見面，兩人的豐功偉業還被拍成電影。

栽種大麥是「農業」的起源！

根據考證，一百多萬年前的原人吃野生大麥。野生大麥成熟之後，麥粒就會立刻掉落。後來因為基因突變的關係，出現了麥粒成熟也不易掉落的種，人類發現這一點，開啟了「農業」的歷史。最初出現農業的地方是美索不達米亞平原（現在伊拉克的一部分）一帶，時間是在一萬年前左右。以大麥製作的啤酒和麵包也起源於美索不達米亞平原，後來普及全世界。大麥在繩文時代傳入日本，當時的日本人常吃麥飯。大麥富含食物纖維，可避免血糖值急速上升，現在常用來做成健康食品。

▲古代城市龐貝（現在的義大利南部）的麵包烤窯。龐貝城在西元 79 年因火山爆發遭到掩埋，但考古學家發現了紅磚建造的烤窯遺跡和麵包化石。

◀細麵是日本歷史最悠久的麵食，起源於一千兩百多年前大和地方（奈良縣）。細麵是用手拉長，放在陽光下晾曬製成。

中筋麵粉

烏龍麵、泡麵、日式點心等

高筋麵粉

吐司、通心粉、麸等

低筋麵粉

蛋糕、餅乾、天婦羅麵衣等

中高筋麵粉

披薩、中華麵、法國麵包等

也有適合做義大利麵的粗粒小麥粉，由麩質含量較高的杜蘭小麥磨製而成，顆粒較粗。

麵粉的種類和用途

小麥含有一種稱為「麩質」的蛋白質，依含量的高低大致分成高筋麵粉、中筋麵粉與低筋麵粉，可做成不同料理。麩質的特性是如橡膠般可以拉長，使麵包膨脹，讓麵條產生彈性。

▲添加日本農研機構改良的小麥品種「夢之力」麵粉製成的麵包，質地蓬鬆柔軟，久放一樣好吃。夢之力改變了小麥含有的澱粉結構，不易變硬。

影像提供／日本農研機構

西洋的「義大利麵」與東洋的「麵」

將麥子製成麵包和酒的加工技術是從美索不達米亞平原，經由埃及傳入西方的古希臘和古羅馬等地。此外，還透過串聯歐亞大陸東西兩端的貿易路線「絲路」，傳入東方的古代中國。在此之前，中國已經存在將黍米、粟米磨成粉，加水揉製成的麵。直到兩千年前，才開始用小麥磨成的麵粉製麵。最初是將麵粉揉成一團，再用水煮熟來吃。後來演變出用手擀平的麵，以及用刀子切成條狀的麵。中國的製麵技術傳入日本和亞洲各地，發展出各國特有的麵食，包括韓國刀切麵（Kalguksu）、泰國中華麵（Bakmi）等。

此外，據說發祥自義大利的義大利麵，存在的歷史比中國的小麥麵還悠久，最初的型態是麵包。十五世紀末，義大利的航海家哥倫布，將番茄從美洲大陸帶回歐洲。後來開始於當地種植，搭配番茄醬汁的義大利麵深受歡迎。小麥和番茄十分對味，這兩種原料發展出無數美食，包括千層麵與披薩等，至今仍是全世界都愛吃的料理。小麥將世界各國串聯在一起，十分有意思。

蕎麥 幫助解決米和麥的歉收問題

蕎麥麵最常與小麥製成的烏龍麵相提並論。蕎麥粉與麵粉比例為八比二的蕎麥麵稱為「二八蕎麥」，是目前最普及的蕎麥麵。

「蕎麥之國」不只日本

一提到喜歡吃蕎麥麵的國家，大家都會想到日本。事實上，蕎麥產量最多的國家其實是俄羅斯。俄羅斯與烏克蘭常吃用蕎麥粒煮的「卡莎」，以及添加蕎麥粉、非甜味的煎餅「布利尼」。中國有許多用蕎麥粉作的麵食，法國也有用蕎麥粉做的鹹可麗餅「Galette」，十分有名。

蕎麥原產於中亞，在繩文時代傳入日本。由於蕎麥可以種在山區或貧瘠的土地，播種後只要七十到八十天就能採收，是稻米和麥子歉收時最棒的救荒作物。最早是將蕎麥粒煮成粥，或用蕎麥粉揉成「蕎麥麵疙瘩」，直到江戶時代才發展出蕎麥麵條。由於蕎麥麵下水煮一下就能吃，在江戶地區蔚為流行，最後普及於全國。

現在日本蕎麥產量最多的地方是北海道。夏季播種，九到十月收穫的「秋蕎麥」是深受許多老饕喜愛的新蕎麥。在本州，春季播種栽培的「夏蕎麥」也越來越多。沖繩本來沒有種植蕎麥的紀錄，但現在也改良出可在初夏收成的品種。由此可見，日本真的是愛好蕎麥麵的國家。

◀蕎麥的花和果實。蕎麥粒的營養價值很高，也能泡茶喝。

▶日本自江戶時代就有過年吃蕎麥麵的習慣。江戶地區一碗蕎麥麵約為2乘以8的16文（約三百二十日圓），因此稱為「二八蕎麥麵」。

◀在俄羅斯等東歐國家常吃的「卡莎」。在牛奶或湯中加入蕎麥粒煮熟。

玉米 無名英雄

口感甘甜濃郁的甜玉米在日本很有名，玉米和稻米、麥子一樣，都是世界的主要穀物。除了食用之外，玉米還有許多用途，是真正的無名英雄。

在人工培育下逐漸長大的玉米

七千多年前，玉米在墨西哥、玻利維亞等中南美國家大規模種植。不過，至今沒人知道與最原始的原生種有關的資訊。因為經過無數次品種改良和基因突變，玉米的穗軸才逐漸變大，長成現在玉米的樣子，所以無法回溯到原種。根據最近的DNA研究，禾本科的墨西哥野玉米很接近玉米原種。

墨西哥野玉米的穗長約四到八公分，只結出十幾顆小小的玉米粒，不適合食用。經過不斷改良（交配或基因突變），才演化出古代人可以吃的玉米。人類找到可結出大顆粒的玉米個體，留下種子培育……重複這個過程，經過長年累月才培育出可結出許多顆粒的玉米品種。學者認為西元前一五〇〇年，出現了與現今品種接近的玉米。

大約三千年前在墨西哥發展出的奧爾梅克文明以玉米為主食，當地人將玉米煮成粥，或用石臼將玉米粒磨成粉，再加水揉成麵糰。接著將麵團擀開，烤成「墨西哥薄餅」吃。

▲高 2 ～ 3m 的禾本科一年生植物。1579 年從葡萄牙傳入日本，直到明治時代才在北海道正式種植。普及的是美國品種。

哥倫布發現食材寶島

十五世紀末橫渡大西洋的哥倫布，從美洲大陸將玉米帶回西班牙，讓玉米從此普及於世界。雖然當時玉米已經在美洲大陸的許多地方種植，但哥倫布的冒險隊帶回來的是古巴島的玉米。船員日記上還寫著：「玉米長得跟人一樣高，結出來的穗軸和人的手臂一樣粗，顆粒和豌豆一樣大。」

美洲大陸是食材的寶庫，番茄、青椒、馬鈴薯、辣椒、南瓜、番薯、腰豆、可可亞等等，原產地都是中南美和南美。我們現在每天吃的蔬菜，很多也都是在哥倫布大航海之後遠渡重洋，於十七到十八世紀陸續在全世界種植。

▼照片由上往下依序為墨西哥野玉米、墨西哥野玉米和玉米的雜種、玉米。

▶義大利出身的哥倫布在西班牙女王的資助下橫渡大西洋。在歐洲人觀點中，哥倫布發現了「新大陸」美國，但當時他是以為自己到達了「印度」。

玉米的未來發展

玉米主要分成包括甜玉米在內的「蔬菜」，和飼料用、工業用（澱粉與甜點的原料）的「穀物」。日本的穀物用玉米幾乎都仰賴進口，其中約九成來自美國。基因改造品種的比例很高，這是為了提升產量開發的品種，特性是具有除草劑耐性與害蟲抵抗性。

此外，這幾年的研究發現接近原種的墨西哥野玉米具有超強耐溼性。日本著眼於具有此特性的基因，致力於研究可對抗溼害的新品種玉米。若潮溼的田地也能種植玉米，將能進一步提高日本的糧食自給率。

玉米變身範例

玉米油
主要為食用油。
粗磨穀粉
玉米粉。可做麵包或蛋糕。
玉米粉
玉米澱粉。食品和洗衣用澱粉漿的原料。
玉米糖漿
日本的食品標示為果糖葡萄糖液糖，常用來做口香糖、非酒精性飲料、休閒零食等。

★除上述內容之外，玉米也可當成家畜飼料，製造工業用酒精和生質燃料，用途相當廣泛。

大豆 日本料理最強後盾的變身王

哆啦A夢的祕密道具「回復光線」和「原料燈」，能夠將照射到的物體恢復成原本的樣貌。若拿這兩項祕密道具照射日本的家常菜和調味料，應該全部都會變成大豆！

善於變身的黃豆還有新用途！

不論醬油、味噌還是豆腐，主原料都是黃豆。壓榨黃豆製成的沙拉油是食用油的一種，也是人造奶油、美乃滋的原料。豆芽菜是剛發芽的黃豆，毛豆則是成熟前的黃豆，日本年菜中的黑豆也是黃豆親戚，都是大豆的一種。黃豆炒過磨成粉就是黃豆粉，煮熟後磨成漿就是豆漿，發酵後變成納豆。黃豆可說是食材界的變身王！

黃豆可以說是日本家庭餐桌上最常見的食材，但國內的自給率竟然只有百分之六左右。為了增加國產黃豆的收穫量，日本持續開發新品種，包括豆莢不易裂開的「Sachiyutaka A1號」，以及顆粒較大，適合做成豆腐的「秀粒」等。

日本國產的黃豆主要做成豆腐和納豆，從美國、巴西進口的黃豆大多製成沙拉油或醬油。美國與巴西的黃豆生產量相當高，幾乎所有黃豆都拿來製作食用油或當成家畜飼料。沙拉油可以取代石油等化學燃料，提煉生質燃料，使得黃豆需求增加，也有助於改善地球暖化問題。

此外，巴西是在七〇到八〇年代，接受日本提供的資金與技術援助，將熱帶莽原開墾成黃豆田，才成為全球數

▲▶ 豆莢中有 2～3 顆種子，在綠色的時候摘下就是毛豆。

◀ 黃豆或綠豆放在陰暗處使其發芽。

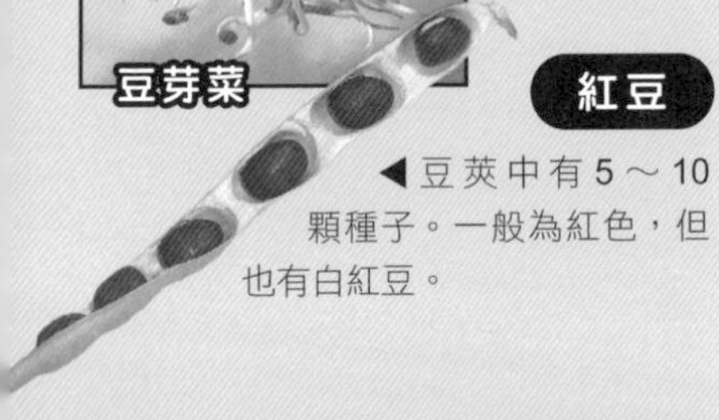

◀ 豆莢中有 5～10 顆種子。一般為紅色，但也有白紅豆。

一數二的黃豆產地。美國的黃豆也是由日本人傳入的。相傳在江戶時代乘坐黑船到日本的美國海軍准將佩里，將黃豆帶回美國。衷心希望日本在珍惜與這兩大國的緣分之餘，還能繼續改良出更多更好的國產黃豆。

大豆與紅豆建立了日本的飲食習慣

全世界約有七十種食用豆類，包括腰豆、豌豆、蠶豆與花生等。豆類富含蛋白質和脂質，是重要的營養來源。黃豆和紅豆在彌生時代從中國傳入日本，由於紅豆的紅色是「驅邪」的顏色，在供奉神明之後，日本人習慣將紅豆煮成粥吃。直到現在，每年的重要節慶或好日子，日本人一定會吃紅豆飯、紅豆年糕湯或包著紅豆餡的點心。在節分，也就是二月三日那一天，日本人還會丟黃豆與花生，驅逐惡鬼和邪氣。

鎌倉時代以後，豆類生產量逐年增加。日本人開始吃納豆和豆腐，各地還製造出帶有當地特色的味噌，其中以「信州味噌」、「紅味噌」、「仙台味噌」最有名。蓄積在味噌桶底部的湯汁是釀造醬油的原料，室町末期之後釀造的醬油十分接近現在的醬油商品。

僧侶每天吃的「精進料理（素食）」在室町時代逐漸普及，以豆類取代肉類的「仿葷素食」也在此時登場。以「羊羹」為例，在中國指的是羊肉湯，在日本則是以紅豆取代羊肉蒸熟的料理，後來更發展成日式點心。江戶時代想出的「雁擬（飛龍頭）」，也是將豆腐搗碎後油炸而成的炸豆腐，據說味道很接近雁（鳥）肉。如今取代肉類的「大豆肉」也受到各界矚目，綜合上述內容，將豆類變化成各種不同的食物，果然是日本的優良傳統。

▲味噌是根據中國古代的發酵食品「醬」發展出來的，將黃豆、米和麥撒上鹽與麴菌發酵而成。

▲江戶時代有許多醬油釀造廠，當時的原料是黃豆、大麥與鹽，江戶中期將大麥換成小麥。常陸（茨城縣）、下總與上總（千葉縣）是主要釀造地點，為了配合江戶人的喜好，以濃口醬油為主。

黃豆與紅豆最對味

▲豆大福是在包紅豆餡的麻糬，添加黃豆和紅豌豆製成。香川縣民習慣在過年時，喝一碗放入紅豆麻糬的白味噌年糕湯。

馬鈴薯 拯救糧食問題

馬鈴薯起源於比富士山更高、海拔高度為四千公尺等級的安地斯山脈，具有超強生命力，在貧瘠土地也能順利成長。不過，如果想自己種植，一定要特別注意。

既可拯救國家又能建立新國家？

馬鈴薯的原產地和玉米、番茄一樣，都是南美的安地斯山脈。

哥倫布發現「新大陸」後，西班牙人進入了南美地區。十六世紀滅掉印加帝國時，西班牙軍隊帶著許多植物回本國，馬鈴薯就是其中之一。

剛開始馬鈴薯在歐洲各國屬於觀賞植物，直到十八世紀後才大規模種植。馬鈴薯能夠在寒冷貧瘠的土地生長，營養價值高，又能長期保存。當時德國、英國、荷蘭受到戰爭和作物歉收的影響，面臨糧食不足的窘境，這些國家廣泛種植馬鈴薯，使得馬鈴薯和麵包一樣成為熱量來源，維持人民生活。

不過，馬鈴薯很容易遭到細菌和病毒攻擊，一旦有一顆生病，就會殃及整塊田裡的馬鈴薯（詳情請參閱第四章）。一八四五到一八四九年，愛爾蘭爆發馬鈴薯疫情，情況日漸惡化，超過一百五十萬人死於饑荒或生病。統治愛爾蘭的英國也束手無策，兩百多萬人為了尋求新天地逃往其他國家。當時最多人逃往美國，因為美國加州發現金礦，加上工業化發展迅速，急需新的勞動力加入。

簡單來說，美國之所以能發展成現在的大國，全都拜馬鈴薯引發的糧食事件所賜。

千萬不要吃綠色馬鈴薯！

不瞞各位，當時發生的馬鈴薯糧食事件，也曾在現代日本出現過。

二〇一九年七月，兵庫縣某間小學五年級的某班在上調理實習課時，有十三名學童出現腹痛、嘔吐等情形緊急送醫。其中八名學童住院。他們生病的原因竟然是在校內

馬鈴薯

與番茄一樣都是茄科植物，塊莖在土裡長得又大又圓。十七世紀從雅加達（現在的印尼）傳入日本，當時的名字是ジャガタラ芋「(jagatara)+(imo)」（雅加達芋之意），後來演變成現在的「ジャガイモ（jagaimo）」。北海道是全日本產量最多的地方。

番薯

和牽牛花一樣屬於旋花科植物，根部長出塊莖。原產地在中南美。由於番薯能在荒地中生長，江戶時代的蘭學家（蘭學指的是從荷蘭傳入日本的西方學術）青木昆陽致力於在火山較多的鹿兒島大規模種植。鹿兒島縣和茨城縣的產量最多。

日本薯蕷

又名山藥、山芋、自然薯，為薯蕷科的山菜。長長的根部往地底生長，可長至一公尺。其塊莖可以磨成「山藥泥」吃，球狀的芽「山藥豆」也能食用。北海道是全日本產量最多的地方。

「芋薯類」大評比

芋薯類的莖部和根部會越長越肥大，儲存透過光合作用生成的營養與澱粉。此澱粉通常用來製作甜味調味料、點心類、魚漿製品和酒類。

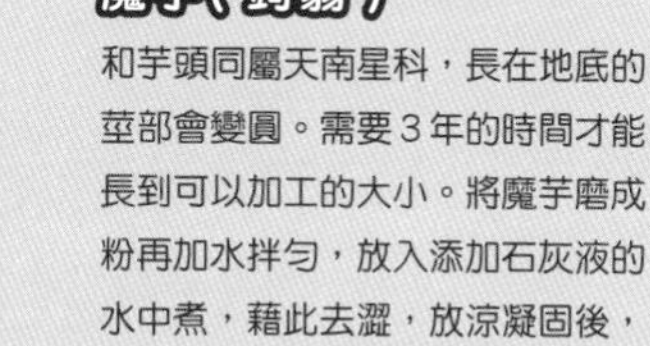

魔芋（蒟蒻）

和芋頭同屬天南星科，長在地底的莖部會變圓。需要3年的時間才能長到可以加工的大小。將魔芋磨成粉再加水拌勻，放入添加石灰液的水中煮，藉此去澀，放涼凝固後，做成市面上常見的蒟蒻商品。群馬縣是全日本產量最多的地方。

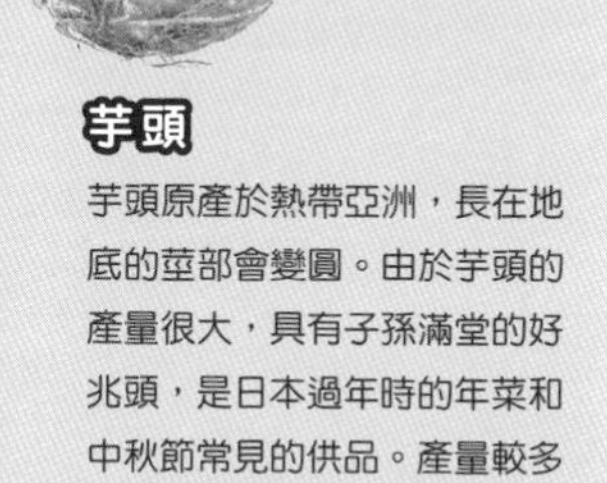

芋頭

芋頭原產於熱帶亞洲，長在地底的莖部會變圓。由於芋頭的產量很大，具有子孫滿堂的好兆頭，是日本過年時的年菜和中秋節常見的供品。產量較多的地方是埼玉縣、千葉縣與宮崎縣。

菜園採收的馬鈴薯！他們當時採收了外皮變成綠色的馬鈴薯，外皮變綠的馬鈴薯含有天然毒素「茄鹼」，吃下去會引發食物中毒。

學校和家庭菜園採收的馬鈴薯經常引起食物中毒，是因為在土裡長得又大又圓的馬鈴薯，一晒到太陽外皮就會變綠，增生天然毒素「茄鹼」與「卡茄鹼」。採收或購買馬鈴薯之後，請務必放在太陽和燈光照射不到的陰暗處。

砂糖 北甜菜、南甘蔗

在日本，砂糖的原料是北海道種植的「甜菜」，與沖繩縣、鹿兒島縣等地栽種的「甘蔗」。北部與南部的作物，為全日本帶來甜蜜的結晶。

熬煮製成的蔗糖與甜菜糖

砂糖的原料甘蔗是生長於氣候溫暖地區的禾本科植物。榨出莖部的汁液，熬煮出蔗糖，最後再製成砂糖。

▲長長的甘蔗莖部含有大量糖分。甘蔗栽種於氣候溫暖的地區，每年 12 月至隔年 4 月收割莖部，做成砂糖。

▲糖分儲存在形狀近似蕪菁、又大又圓的根部。種植於氣候涼爽的地區，10至11月將根部挖起，製作甜菜糖。

甘蔗的原產地是南太平洋的新幾內亞島，從新幾內亞傳入印度，大約兩千五百年前有人想出從甘蔗製成砂糖的方法。砂糖以印度為起點，進入伊斯蘭文化圈、亞洲和歐洲，直到八世紀（奈良時代）傳入日本。砂糖在日本一直是奢侈品，十八世紀後才普及於民間。這是因為江戶幕府開始種植甘蔗，產量大增，普通百姓也吃得起。

甜菜與菠菜一樣都是莧科植物，又名恭菜或紅菜。明治政府從國外引進，種植於北海道。原產地是地中海、裡海沿岸到高加索地區，當地居民從甜菜的白色粗根萃取「甜菜糖」。日本國產砂糖約有八成來自甜菜，通常是在小麥採收之後，利用同一塊田種植甜菜。

吃砂糖活化大腦

烹煮砂糖可使料理更加濃郁或產生光澤，還具有防腐性，可避免黴菌繁殖，還能預防食品內含的脂肪氧化。此外，砂糖又稱「大腦的糧食」。一吃砂糖就能將活化大腦的葡萄糖送入血液裡，速度比吃米或吃麵包還快。在重要的考試或比賽前，不妨吃一些甜點。砂糖還有助於消除疲勞。若採取不吃糖或不攝取醣類的激烈減肥法，很可能導致大腦營養失調，一定要小心注意。

糖有很多種，包括上白糖、黑糖、三溫糖、冰糖等，只要善加運用，就能讓大腦乖乖聽你的話。

各種糖

其他還有「和三盆」、「紅糖」、「方糖」，全世界只有日本才有這麼多糖類製品。

黑糖

從甘蔗榨取汁液後直接熬煮製成。甜味濃郁，風味強烈，也有人直接當點心吃。

白糖

結晶比上白糖大一些些，質地乾爽，帶有純粹的甜味。還有細一點的糖粉，適合加在紅茶或咖啡飲用。

三溫糖

將製作上白糖剩下的糖液再次熬煮，就會變成褐色的三溫糖。甜味強烈，帶有獨特風味，適合熬煮或佃煮料理。

上白糖

是日本特有的糖。淋上糖液，質地溼潤。適合做成各種料理，占國內糖類商品消費量的一半。

中雙糖

結晶較大，具光澤感。添加焦糖的褐色中雙糖適合用在熬煮或醃漬，白色中雙糖則適合做成果凍。

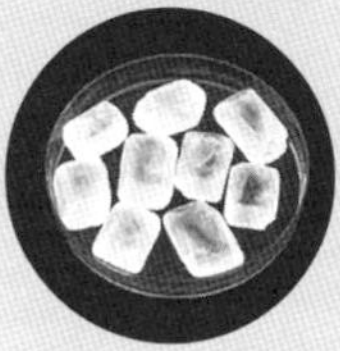

冰糖

結晶比砂糖大，形狀類似冰塊。需要一點時間才能完全溶解，適合做成梅子糖漿或水果酒。

金平糖

戰國時代從葡萄牙傳入日本。將糖放入加熱的大鍋，持續淋上糖蜜，就能慢慢煮出形狀凹凸不平的糖果。

食物小故事

與甘蔗有關的苦澀問題

16 世紀之後，英國與法國為了尋找砂糖產地，前往大西洋諸島和中南美。占領當地做為殖民地，強迫當地人以及從非洲帶過來的黑人在甘蔗田工作。殖民地只種植甘蔗，土地完全荒廢，其他作物全部仰賴進口，農業體制極度失衡。即使現在已經不是殖民地，這個問題仍持續困擾著牙買加和海地等國家。

影像提供／荷蘭國立世界文化博物館

食品原料問答

▲祕密道具的「回復光線」可還原照射到的物體！《哆啦A夢短篇集第十三集》

圖❶～❺的甜點是什麼原料做的呢？請從圖A～E選出正確答案。你一定會很驚訝原料與成品的差異居然這麼大。

❶ 珍珠

❷ 椰果

❸ 巧克力

❹ 口香糖

❺ 寒天

A 將某種海藻晒乾後，熬煮使用。

B 使用裡面的豆子。在古希臘，這是供奉神祇的食物。

C 從果實萃取白色汁液，添加醋酸菌，發酵製成。

D 將這種樹的樹液熬煮後做成具有黏性的糊。

E 從大戟科的樹木塊根萃取澱粉使用。

答案

1-E（木薯）
2-C（椰子）
3-B（可可亞）
4-D（人心果）
5-A（海洋紅藻）

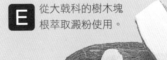

就算哆啦Ａ夢不在
也沒問題嗎!?

「原料燈」？
「只要被此燈的光照射到，任何東西都會變回原來的材料。
比方說，作菜失敗的時候，可以讓你重新來過……」
不需要。
那是什麼啊？
未來百貨公司常會送一些試用品過來。
試用品？
就是新產品的樣本啦。用意是希望如果你試用滿意的話，可以跟他們訂購。
東西還真多呢。
都是一些奇怪的東西。
這個好像很有趣耶……
這些試用品全都給我吧。
不行。被你拿去一定不會有好事發生的。
カチ☆
※照射

糧食未來生長罐Q&A

Q 江戶時代有位代官致力推廣麵包，當時的麵包有何特性？①體積很大 ②口感很硬 ③長度很長

A

②韮山（靜岡縣）的代官江川英龍以麵粉製作麵包作為軍糧，當時的麵包硬到連菜刀都切不開。

對喔！我曾經聽說為了製造紙張或是木板，
全世界各地每天都有數以千計的樹木被砍伐。
還聽說再這樣下去，地球也許就會變成光禿禿的一片喔!!
可是已經開墾的山林好像很難再恢復原狀呢。
很多動物失去家園快要瀕臨絕種了……
現在空氣中的二氧化碳不斷增加，連天氣都變得越來越奇怪……
得趕快想想辦法才行。
至少先把這棵樹移植到安全的深山去吧。
這真是個好主意！
以後只要有廢紙，就全部變回樹木，重新種植吧。
那我們快去拜託哆啦A夢處理這件事……
不用找他！只要有這些就行了。
不曉得有沒有合適的試用品……
？
有了！就是這個！

Q 熱帶地區有一種「麵包樹」，請問這種樹的哪個部分像麵包？①樹皮 ②葉子 ③果實

A ③麵包樹的果實為直徑約十五公分的球形，果肉為白色纖維質。烤過後口感很像麵包，味道接近馬鈴薯。

太棒了，太棒了！就算沒有哆啦A夢幫忙，我一個人還是可以辦到嘛。
趕快把這棵樹種起來啊……
這樣就行了。
真希望它能平平安安長大。
可是……這座山上總有一天也會開始蓋房子吧……
你這麼一說，我也擔心起來了。
好吧！到十年後去看看這棵樹還在不在!!
咦？
「時光隧道」。
軟趴趴的看起來不太可靠耶。
這裡有說明書。
如果您滿意軟膠製的試用品，敬請購買強化塑膠製的正式商品。首先請將刻度調整至目標年代……
ムクムク

※晃動、晃動

A 一般的蜜柑樹會長出兩萬片葉子，由此換算約可結六百到七百顆蜜柑。

※喀喳、喀喳

該不會連「時光隧道」也……
「時光隧道」已經洩氣壞掉了!!
所以我才會問你有沒有問題的嘛。
看看有沒有其他道具可用……沒有了?
哆啦A夢!救命啊!!
大雄拿著試用品出去後，到現在還沒回來!
真令人擔心!
他和靜香一起出門去了喔。
如果我沒記錯，試用品裡面應該有「路線切斷板」、「時光隧道」，萬一他用了那些道具……
那就糟了!!
想找他們都沒得找了!!

Q 如果從種子開始種植蜜柑，需要多久時間才能結果？

※大口咬下

※嘩啦嘩啦

A 大約十年（快的話五到六年）。日本俗諺「桃栗三年柿八年」，意指桃子、栗子需三年、柿子需八年才結果。果樹生長期很長。

找到了！他們在那裡!!
哆啦A夢!!
怎麼會有兩個大雄……
我坐「時光機」到明天去，然後問明天的大雄昨天到底跑哪去了……
真不愧是哆啦A夢。你實在太可靠了！
不過……
明天的我到底是怎麼獲救的？
那是因為哆啦A夢去找後天的我……
不，不是這樣的，
明天的大雄，也就是今天的大雄到了明天之後……
可是在這之前今天的我……
不對！所以我……
不要再管這麼複雜的事了，快讓我回家!!

透過品種改良提升美味與生產力

番茄在十六世紀從南美傳入歐洲，當時的人們認為紅色番茄有毒，因此很長一段時間將番茄當成觀賞植物。後來經過「品種改良」才研發出我們現在吃到的各種番茄。

▲哆啦A夢的祕密道具「新品種植物製造機」會編輯生物的基因資訊，創造出新品種。大雄與靜香和發出音樂的百合花，以及會跳舞的白蘿蔔一起開派對！

收錄於〈蘿蔔舞會〉／哆啦A夢短篇集第二十一集

幾乎所有蔬菜都是改良品種

超市和蔬果攤陳列著各式各樣的蔬菜，同一種蔬菜還有不同品種。以番茄為例，有中顆、大顆、小番茄、迷你番茄等不同大小，還有黃色與綠色番茄，以及「AIKO」、「桃太郎」等不同名稱。

我們現在吃的蔬菜幾乎都是人們花了很長一段時間，從野生植物創造出來的。這類以人工方式創造新蔬菜的行為，稱為品種改良或育種。

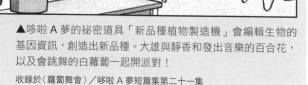

透過「雜交育種」創造想要的品種

野生植物是現今農作物的祖先，它們很多都是因為果實很小或有毒而無法食用。不過，在生長過程中，偶爾會出現特性產生變化的個體，這就是「突變」。

突變的狀況有很多種，包括結的果實較大、抗病性強、口味比較甜等等。人們發現這些「偶然」之下出現的產物，將它們的種子留下來栽培繁殖。經過不斷嘗試，才終於讓人們想要的作物特性穩定下來。

話說回來，沒人知道何時會出現突變，即使突變，也要花好久的時間，才能讓作物特性代代相傳。為了解決這個問題，有人想出讓特性各異的品質交配，創造出具有更好特性的「雜交育種」。「越光米」就是由好吃卻抗病性低的種，和抗病性強的種雜交育種而成。

即使如此，想做出符合期待的新品種，必須耗費很長時間。經過無數次交配，從數萬到數十萬株中選出優秀個體。有時候稻米需要十年，果樹需要五十年。

日本農研機構雜交育種的「麝香葡萄」可以連皮吃，在多雨的日本種植也不裂果。從交配到登錄品種，前後花了十八年。

食物小故事

高麗菜的兄弟姊妹

從野生種甘藍進行品種改良，創造出以下的兄弟姊妹。

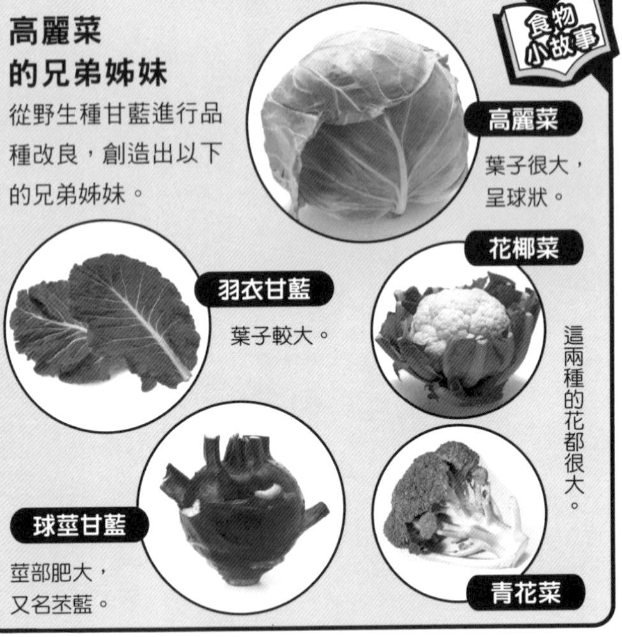
高麗菜
葉子很大，呈球狀。
花椰菜
羽衣甘藍
葉子較大。
這兩種的花都很大。
球莖甘藍
莖部肥大，又名苤藍。
青花菜

全世界流通的「基因改造」作物

全新的科學技術登場後，加快了品種改良的速度。品種改良的方法有很多種，包括以放射線引發基因突變、利用基因改造技術添加其他生物的基因，或透過基因編輯技術讓特定基因產生變化等。

基本上只有同「科」的生物才能交配，但基因改造技術可將微生物的基因放入植物裡，以人工方式引發自然界不可能出現的變異。例如將微生物的力量注入植物中，使植物具有「不怕蟲害」的特性。

日本允許進口流通的基因改造作物包括有黃豆、玉米、馬鈴薯、油菜籽、棉花、紫花苜蓿、甜菜、木瓜等八種。這些都是在美國、巴西、阿根廷種植，再進口到日本的作物。

「基因編輯」處理特定基因

基因編輯是以人工方式引起突變的技術，本質上與既有的品種改良沒有分別。不過，它可以針對特定基因產生超高速變異，實現人類想要的結果，是目前深受全世界注目的技術。「CRISPR-Cas9」是提升基因編輯效率的技術，想出這項技術的兩名研究人員，在二〇二〇年榮獲諾貝爾化學獎殊榮。

日本第一款基因編輯食品是將預防血壓升高的 GABA 成分提升五倍的「高 GABA 番茄」，於二〇二〇年十二月獲得國家認證，確定食品安全。

除了農作物之外，還有肉比較厚實的真鯛、成長速度較快的紅鰭東方魨等魚類，也都運用基因編輯技術進行相關研究。

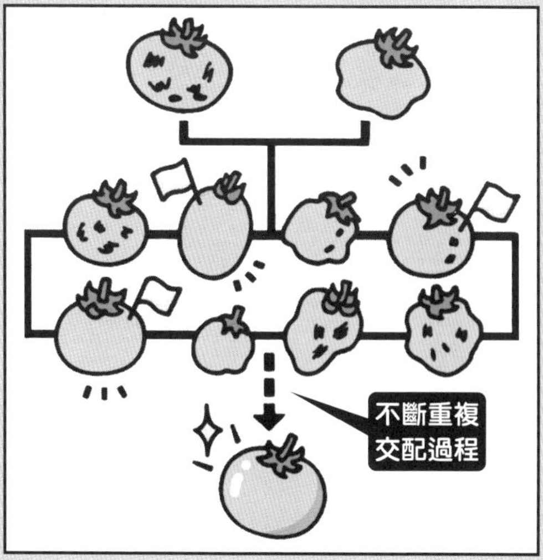

▲通常要重複幾萬到幾十萬次的交配，才能讓果實具備人類想要的特性。由於從中選出優秀個體相當困難，只要在覺得有用的基因放上 DNA 標記（標靶點），就能事半功倍。

●什麼是基因？

傳承給下一代的遺傳資訊。就像設計圖一樣精準描繪身體的每一處構造，所有生物都有基因。

●什麼是DNA？

構成基因的物質，DNA是去氧核糖核酸的簡稱。外形呈雙股螺旋結構，動植物的DNA主要存在於細胞核內，記錄著遺傳資訊。

●什麼是基因組？

記錄各生物必要資訊的一整套遺傳物質（DNA序列）。舉例來說，人類細胞有22對體染色體和1對性染色體，就是一整套「人類基因組」。DNA的所有資訊稱為基因組。

各種品種改良

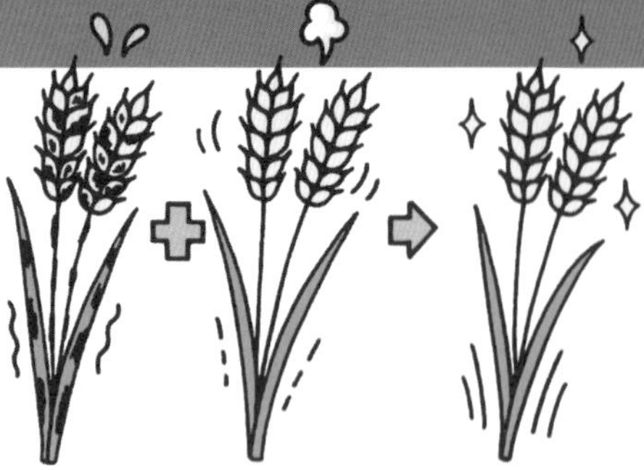

「雜交育種」是常用的方法

以人工方式讓帶有不同特性的個體互相交配，例如「形狀很漂亮」、「不耐疾病卻很好吃」等，開發出更好的品種。品種改良是最常見的方法，包括「越光米」、「富士蘋果」和「幸水梨」在內，許多人氣品種都是透過這個方法誕生的。

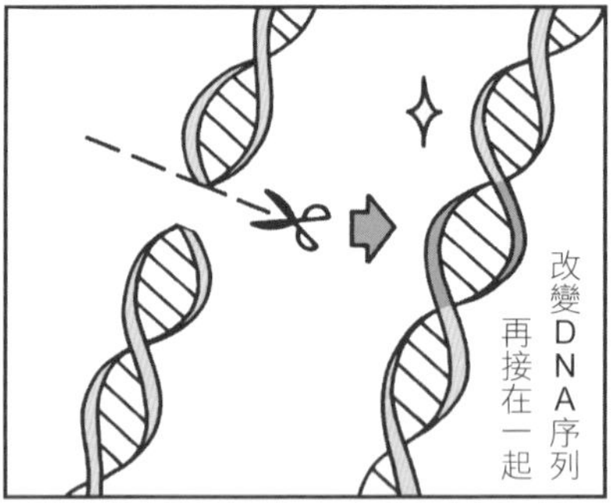

「基因編輯」

讓具有「剪刀」功能的蛋白質，在細胞中切斷DNA序列，藉此改變或消除特定基因的功能。日本第一款基因編輯食品是高GABA番茄。目前正在開發不含天然毒素茄鹼的馬鈴薯品種。

「基因突變」的誘發

利用放射線或藥劑引起突變，使生物獲得不同特性。有人利用這個方法，將容易感染梨黑斑病菌的「二十世紀梨」，改良成抗病性較強的「金二十世紀梨」（上圖）。

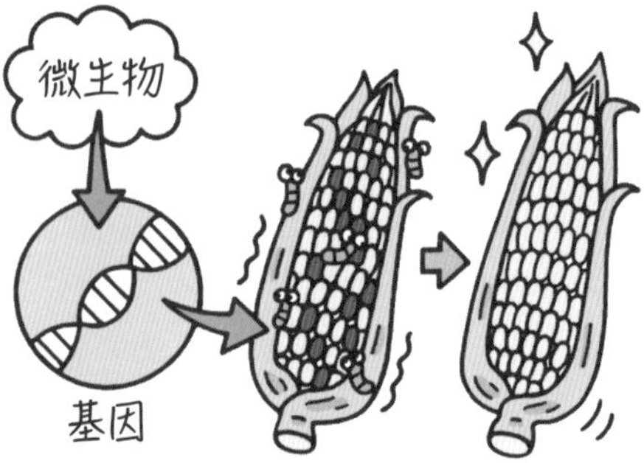

「基因改造」

舉例來說，將耐蟲害的基因從微生物體內取出，將其植入不耐蟲害卻很好吃的作物裡，就能開發出不會被蟲害滅絕的作物。目前也改良出不怕特定除草劑與蟲害的玉米、黃豆等作物，於海外廣泛種植。有效抵抗柳杉花粉症的「舒緩柳杉花粉症米」也在開發之中（離實用階段還有一段距離）。

吃下基因改造食品也沒關係嗎？

目前日本國內並未針對基因改造食物進行商業種植，不過，有許多進口的基因改造食物，包括家畜飼料，或用來加工成食用油、甜點。有人擔心吃下基因改造作物，或用基因改造食材做成的食品，會影響人體健康。不僅如此，由於基因改造食品是用自然界一般不會出現的方式讓食物產生變化，對於環境的影響也是顧慮之一。

基因改造作物的安全性確認流程

根據《卡塔赫納法》初步審查

從生物多樣性的觀點進行評估，確認是否危害本土生物，是否排放有害物質，是否無法繁殖雜交品種。

▼

【以食品為例】

根據《食品衛生法》、《食品安全基本法》

確認人吃了之後是否安全。由厚生勞動大臣（相近於台灣的衛福部部長）核准。

【以飼料為例】

根據《飼料安全法》、《食品安全基本法》

評估風險。由農林水產大臣（相近於台灣的農委會主委）核准。確認家畜吃了之後是否安全，餵食該飼料的家畜肉品和乳製品，人吃了之後是否也安全無虞。

▼

商品化

為了確保基因改造食品的安全性，日本所有的基因改造食品，都是根據《卡塔赫納法※》、《食品衛生法》、《食品安全基本法》、《飼料安全法》等法規，進行評估與認可才核准上市。日本政府規定部分加工食品須明確標示，不想吃到基因改造食品的人，購買前不妨確認商品標示的原料表。此外，檢疫所檢查進口食品時，也進行嚴格的監測與指導，避免未確認安全性的基因改造食品流入市場。至於基因編輯食品，則必須向厚生勞動省洽詢並提出申請。相關的安全性資訊也會對外公布。

協助解決地球暖化和糧食不足等問題

全世界種植基因改造作物的田地面積越來越大，美國種植的玉米中，超過九成是基因改造玉米。這種玉米不怕除草劑和蟲害，減輕農民們的工作負擔。

如今異常氣候頻繁發生，乾旱和森林大火屢見不鮮，我們急需可在嚴酷環境下存活的超級作物。此外，隨著全球人口逐漸增加，未來還會面臨糧食不足的問題。有鑑於此，全世界科學家正在努力研究，希望成功開發出體質強健、生產量高的新品種。

※《卡塔赫納法》：正式名稱為《基因改造生物使用規範之生物多樣性確保法》。

▶世界所有的「富士蘋果」都是嫁接這棵原木的樹枝繁殖出來的。

世界第一的蘋果樹始祖！

各位知道全世界最常吃的蘋果是哪一種嗎？答案是「富士蘋果」。誕生自日本的「富士蘋果」遠渡重洋，廣泛種植於中國、美國、法國、智利等國家。「富士蘋果」的名稱雖然取自「日本第一高山富士山」，人氣卻是世界第一的聖母峰等級。

日本大約是在 150 年前開始栽種蘋果（西洋蘋果），種了十年之後才結果。為了增加果實數量，開始從第一棵「原木」剪下分枝，嫁接在近親的樹木上。接著再剪下嫁接的準原木分枝，接在其他樹木上……不斷重複這個過程，只花了 150 年就讓日本產的蘋果站上世界第一的舞台，令人驚喜。

「富士蘋果」是 1939 年位於青森縣的農林省試驗場（現在的日本農研機構），由「國光」和「元帥」的花粉交配出果實，取其種子培育而成。後來受到戰爭影響，研究一度中斷。直到 23 年後，也就是 1962 年才終於誕生出「富士蘋果」。

「富士蘋果」剛上市的時候，完全無法與人氣品種「國光」、「紅玉」相抗衡。但隨著越來越多人喜歡「富士蘋果」的美味，逐漸站上日本第一的寶座。「富士蘋果」的魅力在於多汁，酸甜滋味恰到好處，口感清脆，果皮較薄，可以連皮一起吃。加上種植時每一顆都分別套袋，使得果皮光滑，呈現漂亮的鮮紅色。

「富士蘋果」的原木已經從試驗場遷移至岩手縣，如今佇立於盛岡市。樹齡超過 80 歲，由管理人員細心照顧，不讓其繼續結果。準原木仍每年結果，11 月採收。

邊吃邊唱，一同賞花

真是可惜……
今年又沒去賞花。
時光就這樣白白流逝掉了……
你每天上下學不是都有看到花嗎？
那才不算！
又不是只有看到花就好了。
要被花海簇擁，然後邊享受美食，才叫賞花啊。
好吧，我懂了。
那就借你「生化植物罐」吧。
我記得後山那邊有漂亮的櫻花。
花都掉光了，只剩下葉子。
我只要一片葉子就夠了。

糧食未來生長罐 Q&A

Q 日本第一個以罐頭裝的是什麼食物？①鮪魚 ②沙丁魚 ③鯖魚

A ②一八七一年（明治四年），長崎縣的松田雅典師法法國人，製作出油漬沙丁魚罐頭。

放進植物罐裡面。
要是長得太大，會弄壞天花板，所以就把它縮小為三分之一……
開始再生！
ブ〜ン
※嗡～
不管是植物還是動物的每個細胞都擁有遺傳因子，也就是所謂的設計圖。只要能夠讀取出遺傳因子，就可以拷貝出一模一樣的東西來……啊～抱歉，這樣說你很難了解吧？
？
？
？
你看，已經好了。
※出現
又沒有開花。
將季節調到春天……
※啪
只有一棵不過癮……
對喔。
那就再拿更多罐頭出來吧。
只要放進花瓣就行了吧？

※啪

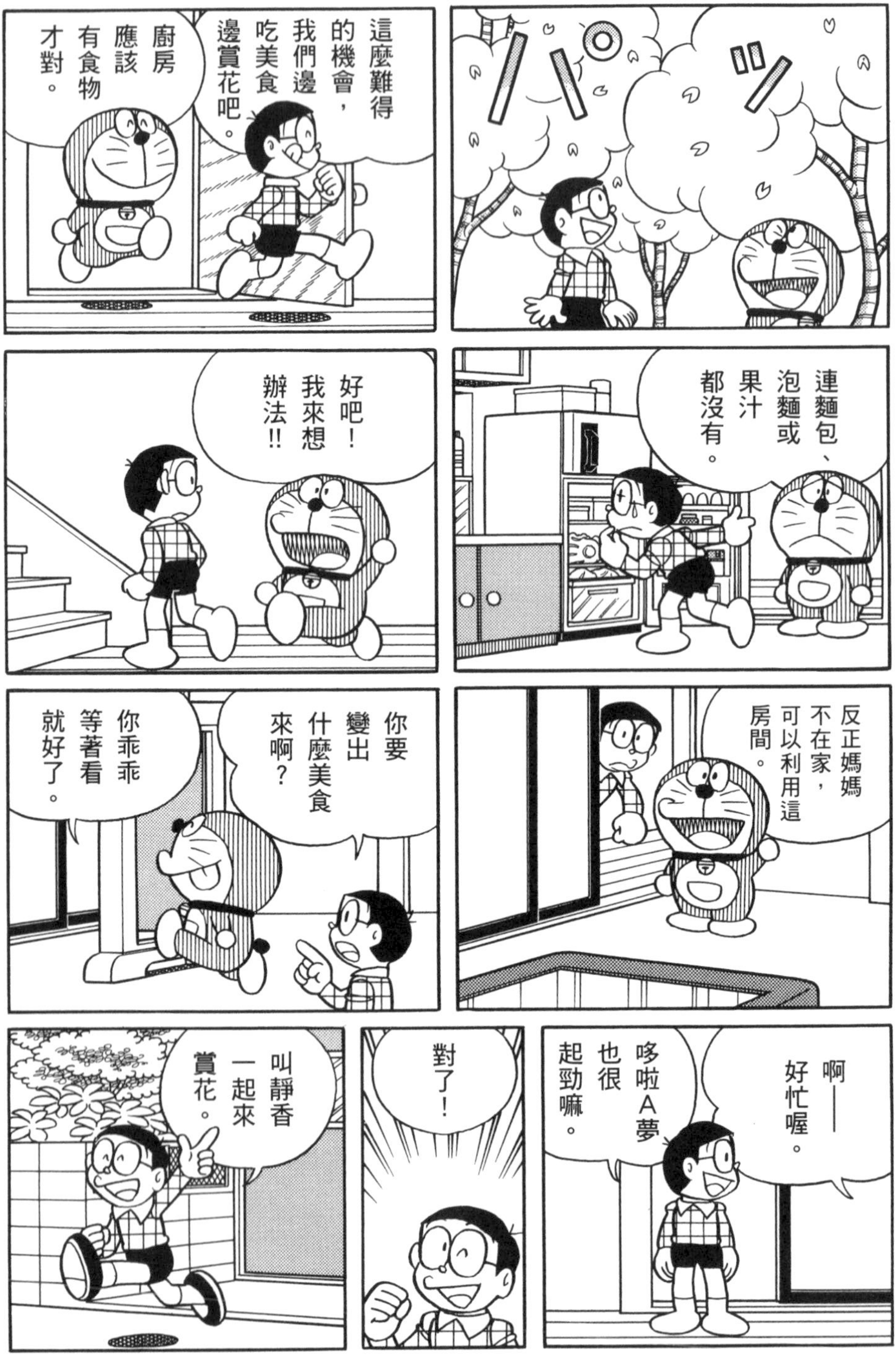

パッ
這麼難得的機會，我們邊吃美食邊賞花吧。
廚房應該有食物才對。
連麵包、泡麵或果汁都沒有。
好吧！我來想辦法!!
反正媽媽不在家，可以利用這房間。
你要變出什麼美食來啊？
你乖乖等著看就好了。
啊——好忙喔。
哆啦A夢也很起勁嘛。
對了！
叫靜香一起來賞花。

糧食未來生長罐Q&A

Q 哪個國家椰子樹的果實（椰子）產量世界第一？①美國 ②印尼 ③泰國

A ②印尼。椰子樹生長於熱帶地區，可萃取椰奶和椰糖。新芽可做成沙拉。

也讓你們加入好了。
什麼！現在還想賞花!?
笑吧！儘管笑吧!! 到時候就算求我，我也不理你們。
賞花!?
你就當作被我騙過來看看嘛。
哇啊！好美喔!!
我們來唱卡拉OK助興吧。
可是哆啦A夢是音痴耶。
靜香不唱不行喔！
可是……我不太會唱歌，不好意思啦……

Q 為什麼西瓜有黑色條紋？①為了突顯自己 ②為了掩人耳目

A ①西瓜利用顯眼的圖樣吸引鳥類來吃，協助播種。原產地是非洲沙漠。

雖然很小，可是很好吃耶。
這是怎麼做的啊？
我收集了全世界各種水果的遺傳因子……
哇……好像植物園。
玉蜀黍差不多可以吃了吧。
靜香，你看還有你最喜歡的地瓜耶!!
松樹又不能吃。
那是赤松，你看看它的根部。
啊～是小松茸耶！

糧食未來生長罐Q&A

Q 以菇類來比喻事物皆有其長處的日本俗諺是哪一句？

A

「香りまつたけ　味しめじ」意思是松茸聞起來很香，鴻禧菇吃起來味道很好。衍生為每件事物、每個人都有各自的優點。

不可以在二樓喧鬧!!
是喔，你媽回來了喔？
※咻
趕快按下取消鍵恢復原狀。
シュ
哆啦A夢，這道具可以借我一下嗎？
這個轉輪可以調整大小。
我知道了。
我家庭院大得很，我才不會那麼小氣調成迷你尺寸咧。
沒錯。我們把它調成二、三倍大。
我家變成叢林了。救命啊!!

守護「種子」保住食物來源

光從種子實在看不出它會開出什麼樣的花，會結出什麼樣的果，或者吃下去安不安全。日本農研機構種苗管理中心的職責，就是消除各界疑慮。用心管理「食物的來源」，也就是「種子」，讓大家安心食用農作物。接下來為各位介紹管理中心的主要工作。

種苗管理中心的種子品質檢查

各位買過蔬菜種子嗎？種子外包裝的背面記載著種苗公司名稱、蔬菜種類、品種名稱、發芽率、產地等資訊。日本販售的蔬菜種子都是根據《種苗法》規定，在袋子背面記載相關資訊。

這些規定是為了避免消費者買回家撒了種子卻不發芽，或是長出來的蔬菜和包裝上的照片不同。若是珍貴的農作物種子，也必須依照規定維持一定的發芽率。

種苗管理中心是種子與幼苗的綜合檢查機構，確認它們是否符合法律的相關規定。專業的技術人員負責檢查種子是否發芽，還要實際播種栽培，確認種子是否有病蟲害等。正因為經過層層檢查確認品質，日本農作物的水準才會這麼高。

日本唯一！種苗管理中心

種苗管理中心的主要工作為以下四大類：①農作物的種苗檢查。②新品種登錄相關的栽培實驗與保護對策。③馬鈴薯、甘蔗的原原種生產與分配。④植物遺傳資源的保存。除了位於茨城縣筑波市的總所之外，從北海道到沖繩，全國共有十處分所，根據各地區風土進行農作物的栽培實驗與檢查。

一年進行六百項新品種的栽培實驗？

「四星」、「綺香」、「桃薰」、「天空莓」……看到這些名字就知道代表什麼意思的你，是貨真價實的草莓博士！這些都是日本近幾年上市的草莓新品種。種苗管理中心也負責處理農作物新品種登錄的相關工作。

根據日本的種苗法規定，開發新品種的育成者向農林水產省（相當於台灣的農委會）提出「新品種登錄」的申請，一旦品種登錄確定核准，育成者就擁有「育成者權」。除了權利者之外，其他人不可任意販售登錄品種的種子與幼苗。農林水產省收到民眾提出的「新品種登錄」申請後，種苗管理中心必須進行栽培實驗，確認該品種是否為可以登錄的新品種。

栽培實驗指的是將申請品種實際種植於農田、菜園或溫室裡，還要與過去的品種比較，評比大小、顏色、形狀、抗病蟲害等，通常須檢查的項目超過一百個，了解新品種特性。為什麼要檢查得這麼詳細？原因很簡單，若是結出的一百顆果實中，只能找到幾顆新的，就不能算是新品種。以番茄為例，種苗管理中心必須檢查果實的形狀、顏色、果肉的厚度、子房數（收納種子的

透過種苗檢查評估發芽率等品質水準

基於種苗法針對發芽率等項目實施的檢查結果，必須提報給農林水產省。除此之外，種苗管理中心也負責「委託檢查」業務。也就是接受種苗公司的委託，針對發芽率、病原體是否依附在種子上等作物品質進行驗證。另一方面，種苗管理中心也發揮「基因銀行」分行的角色，培育無法保存種子的果樹類、茶類、芋薯類，保存遺傳資源。

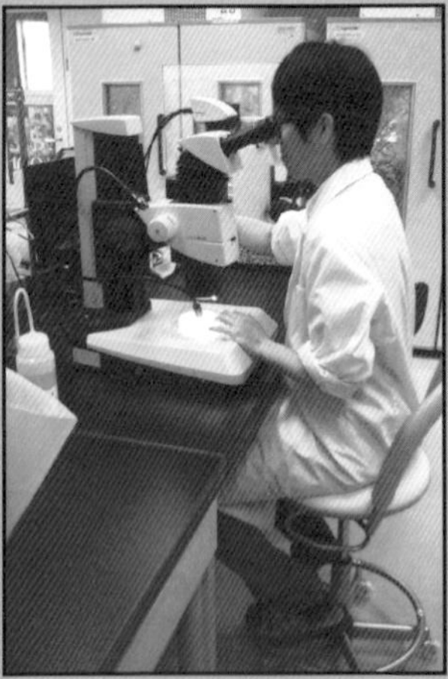

▲檢查病害的情景。將一顆顆種子放在顯微鏡下檢查，也會執行 PCR 檢測。
▶在恆溫恆溼的檢查庫中發芽後，檢查芽與根部的形狀，以及生長狀況。

▶執行栽培實驗中的萵苣田。檢查球、芯、葉、葉子大小、抗病性等項目，就連葉子的鋸齒狀也要詳細查看。

▲菊花類是檢查項目最多的植物，約有一百項。

品種登錄前的栽培實驗

栽培實驗主要執行三大評估：

①區別性：在形狀和顏色等方面，可與既有品種有明顯區別。

②均一性：相同世代的形狀與顏色是否相近。

③穩定性：重複繁殖後，形狀與顏色等特性不會改變。有時還會刻意使植物生病，檢查其耐病性。或試吃果實，確認味道。

◀檢測花朵與葉子顏色時，使用與保護新品種的國際機關一樣的色票。總共有九百二十個顏色，還有色號。資深高手一看植物顏色就知道是幾號。

小格間數量）、糖度等項目。

栽培實驗的執行件數每年大約有一百種，品項高達六百項！類別以花草、觀賞樹較多，有五一五項；蔬菜六十項；作物（主要為稻子或馬鈴薯）二十五項。最多的是菊花類和玫瑰類，最後通過新品種登錄的比例約為九成。

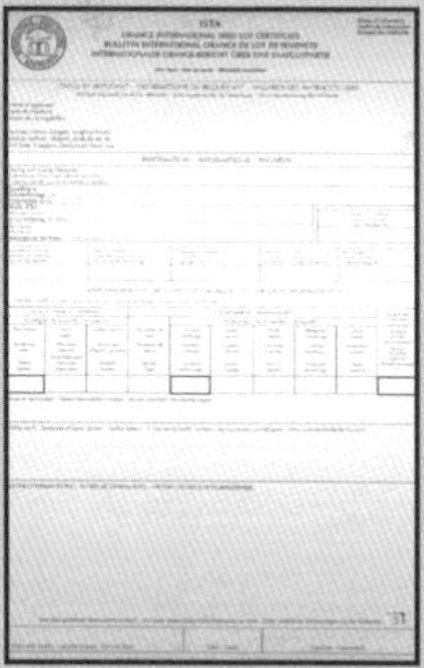

▶種苗管理中心也是國際種子檢查協會的認證檢查所，按照客戶委託，發行種子的品質證明書。

▼種苗管理中心用來執行發芽檢查的道具「真空計數器」，可以一次排好100顆（或50顆）種子。

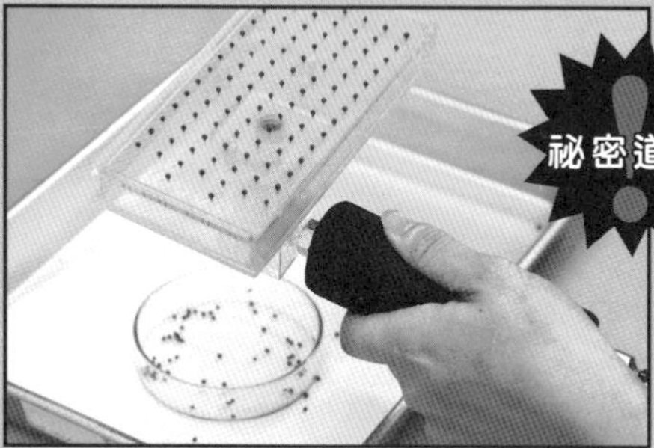

影像提供／日本農研機構種苗管理中心

「PVP G-man」保護權利者！

日本揭開社會上非法行為的人稱為「G-man」，例如揭發黑心企業的勞動 G-man（勞動基準監督官）、搜查毒品犯罪的毒品 G-man（毒品搜查官）等。種苗管理中心也設置了「品種權守護者 PVP G-man」，專門處理農作物育成者的權利遭到侵害的問題。

對於開發並登錄新品種的育成者，國家賦予育成者權，果樹為三十年、花和蔬菜為二十五年。在權利期間，育成者擁有獨占權利，其他人若要種植，必須支付使用費。由於開發過程耗費龐大勞力與金錢，育成者權是十分珍貴的資產，應該好好保護。

話說回來，近幾年頻頻發生侵害育成者權的案件。有人未經許可栽種種苗，透過網路販售或賣到海外。

種苗管理中心秉持公正中立的立場，在全國七個地方設置 PVP G-man，以保護育成者權。只要擁有育成者權的權利人提出要求，PVP G-man 就會與權利人一起收集相關證據，包括透過記錄目標田地狀況、栽種可疑種苗以調查其相似性、分析 DNA 等方式。如經過客觀調查，覺得涉案程度很高，權利人就能與對方談判。若發現對方是故意侵害權利，警察就會介入處理（假設有罪，個人可能遭處十年以下徒刑或一千萬日圓以下罰鍰；法人可處以三億日圓以下罰金）。

PVP G-man 使用各種檢查方法處理爭議，但最重要的是觀察植物的眼光。想要培養出能看穿差異、察覺變化的眼光，札實豐富的經驗是最重要的關鍵。

「甘王草莓」等新品種嚴禁帶出國！

日本在 2021 年實施《改正種苗法》，嚴格禁止非法攜帶日本品牌農作物的種子和苗木出國。

禁止帶出國的登錄品種約有兩千種，包括北海道的米「夢霹麗」、福岡縣的草莓「甘王」（登錄品種名「福岡 S6 號」）、長野縣的萵苣「ShinanoHope」等。這些都是大家搶著要的出口品，非法輸出將造成日本極大損失。農研機關開發的「麝香葡萄」在被偷到中國與韓國種植之後，還被出口到東南亞。唯有加強管理，才能避免權利受損。

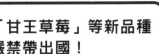

徹底管理馬鈴薯的「原原種」

大家都愛吃馬鈴薯，洋芋片、洋芋沙拉是我們最常吃

▲甘蔗的原原種來自鹿兒島縣和沖繩縣的種苗管理中心農場。上圖照片是採收的情景。

的食物。不過，各位看過馬鈴薯的種子嗎？

種植馬鈴薯時，種的其實不是種子，而是「種薯」。馬鈴薯是一種將種薯埋在土裡成長的蔬菜。由於這個緣故，馬鈴薯的增殖倍率只有十倍，基本上種植效率不高（以稻子為例，一顆種子可以收割五百顆稻米）。不僅容易感染病毒和細菌疾病，還很容易遭到黃金線蟲侵害。若種植的馬鈴薯生病，收穫量就會減半，而且病害將擴及周邊所有馬鈴薯，在這種情況下種出來的後代也會生病。扦插生長的甘蔗也很容易生病。

種苗管理中心是在周全的管理之下，培育健全的馬鈴薯和甘蔗的「原原種」。以馬鈴薯為例，種苗管理中心將生產的原原種，提供給各地方政府管理的田地。接著再將增殖十倍的「原種」交給農業團體，農業團體再增殖十倍後，由各地農家接手增殖十倍，最後才流入市場。簡單來說，我們買到的是經過三次增殖的原原種的「曾孫」。原原種的健康也關係著我們健康。

製造馬鈴薯的「原原種」

無論是「五月皇后」、「男爵」還是「印加的覺醒」，各個品種都要培育原原種。

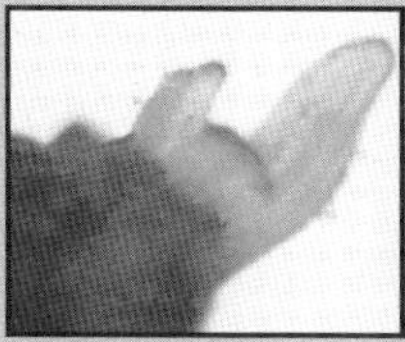

1 在試管內培養馬鈴薯的莖頂（生長點）。維持不生病的健康狀態，花費 2 ～ 3 年的時間在試管增生。

2 在害蟲無法接近的設施內，進行土壤病害風險較低的水耕栽培，生產 10 ～ 15g 的小塊莖「迷你種薯」。一株種苗可以結 20 ～ 30 個迷你種薯，比種在土裡，收穫量增加 2 ～ 3 倍。

3 將迷你種薯種在田地（基本圃）裡繁殖。將整塊田鋪上網子，小心的栽種。

4 在被稱為「原原種圃」的規模更大田地繁殖。在這裡生產的馬鈴薯就是原原種。

影像提供／日本農研機構種苗管理中心

在植物工廠運用智慧科技栽培蔬菜

植物工廠分成類似溫室的「太陽能光源」，和利用LED燈的「人造光源」兩種類型。打造適合蔬菜的生長環境，提高收穫量。

在工廠裡有效促進光合作用

淡而無味的米飯在咀嚼過程中產生變化，變得越來越甜。這是因為米內含的澱粉在經過唾液酵素分解後，變成糖分的關係。水果含有的酵素也會使澱粉轉換成糖分，這就是哈密瓜與香蕉越熟越甜的原因。

澱粉是美味和養分的來源。植物透過「光合作用」製造澱粉，儲存在果實、根部和莖部成長茁壯。「植物工廠」屬於智慧農場的一種，以人工方式控制光合作用必要的光、水、二氧化碳和養分，創造出讓植物盡情完成光合作用的環境。作物在這裡可以穩定成長，不易遭受病蟲害侵襲，也不需要廣大耕地。以番茄為例，露地栽培每一平方公尺的收穫量約五點五公斤，在太陽能光源植物工廠約五十五公斤，增加了十倍。

此外，還能調整作物的生長速度，錯開收穫時期。也能調整水分與養分，培育出營養價值更高的蔬菜。日本人擔心「氣候變遷」、「耕地少」、「未來可能面臨糧食不足」等問題，又想「一年四季都吃到美味食物」，植物工廠可說是將來必備的農業型態。

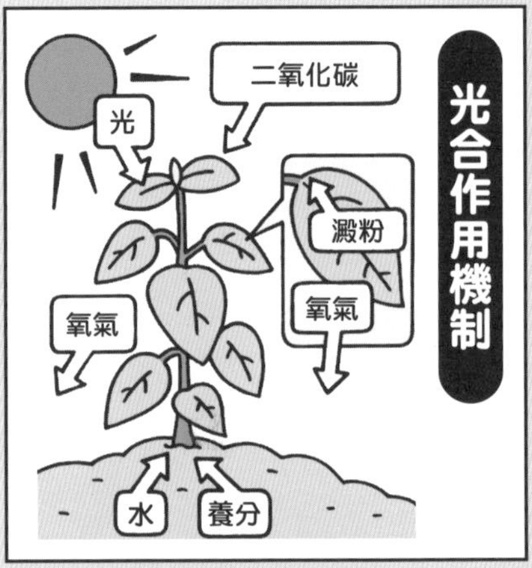
光合作用機制
二氧化碳
光
澱粉
氧氣
氧氣
水
養分

▲植物從葉子吸收空氣裡的二氧化碳，同時從根部吸取水分，再利用太陽等光能，製造出澱粉等養分。這個過程稱為「光合作用」，除了製造養分，還會排出氧氣。澱粉等養分儲存在葉子、種子、果實與根部等處，也是我們最常食用的部位。

利用人造光源栽種萵苣

▶日本農研機構九州實證據點的完全人工型植物工廠。

以人工的方式管理植物工廠，包括照光、含有二氧化碳的空氣、水、溫度、溼度、肥料等，在室內栽種蔬菜。不使用土壤，沒有季節和環境條件之分，可以有計畫性的種植植物，提升單位面積的收穫量。不過，這個方式需要投資設備，也很耗電，很難大規模栽培。適合種植橡葉萵苣、豆芽等，高度較矮、無須大空間就能種的作物。

影像提供／日本農研機構

人造光源與太陽能光源的植物工廠

植物工廠大致分成兩種，一種是在封閉環境，不使用陽光的「人造光源植物工廠」；另一種是如溫室般的設施，利用陽光的「太陽能光源植物工廠」。

「人造光源植物工廠」是以人工方式管理環境因素，包括含有二氧化碳的空氣、溫度、溼度等，並在此環境中栽培作物。利用LED、螢光燈等光源，供應植物需要的光源。由於光源強度和光照面積有限，不適合種植長很高的番茄和小黃瓜，適合栽種萵苣等葉菜類。需要的空間不大，可在大樓內種植作物，因此出現了能吃到現採萵苣的咖啡廳，或附設萵苣工廠的超市。有些植物工廠利用廢棄學校或工廠，活化地方。

「太陽能光源植物工廠」的規模各有不同。近年來有越來越多高五公尺、地板面積超過一萬平方公尺的大型設施（相當於棒球場那麼大）。比起人造光源植物工廠，太陽能光源植物工廠的空間寬廣，可以栽種所有作物。特別適合種植番茄或彩椒等果實較大的蔬果類作物。不過，陽光會受到天候和季節影響，設施內部的溫度容易升高，因此一定要裝設可精準控制溫度和溼度的管理系統。

善用巧思充分發揮植物力量

種在田裡的番茄最多長得像成年人一樣高，不過，若種在太陽能光源植物工廠，那又是另外一回事。種在太陽能光源植物工廠的番茄可長到五公尺高，接近天花板，感覺就像《傑克與魔豆》的大樹一樣。

為什麼太陽能光源植物工廠的番茄可以長那麼高？原因在於光合作用。陽光照到所有葉子，充分發揮植物具備的力量。陽光量增加百分之一，收穫量就會增加百分之一。

以番茄為例，研究顯示當葉子面積合計為栽種地的三到四倍，光合作用的效率最高，收穫量也最多。工作人員摘掉多餘葉子，避免形成陰影，從天花板垂下繩子當成支柱，讓枝葉往上爬，想盡辦法促進光合作用。雖然名稱為「工廠」，但透過各種方式促進作物生長，建構適合各種作物生長的環境。

此外，工廠內部沒有昆蟲，使作物不易受粉。工作人員在內部放養熊蜂或蜜蜂，協助作物受粉。目前正在開發不受粉也能結果的新品種小黃瓜和茄子。

番茄適合太陽能光源植物工廠

外觀近似一般溫室或鋪設塑膠布的溫室，不使用土壤採用水耕（營養液）栽培，設置監測空氣的環境感測器與二氧化碳釋放裝置。感測器可以測量溫度、溼度和二氧化碳量，透過噴霧機和開關窗戶調整環境溫度與溼度。持續下雨使日照量不足，就會導致作物發育不良，此時可用人工光源補光。適合種植長得高、果實又大的番茄或彩椒。

◀安裝了暖氣以及送風機。

▲作物高度比種在田裡高，工作人員必須利用升降機，以消毒過的剪刀採收作物。上圖照片為彩椒。

從播種到收穫 植物工廠的作業流程

揭開在日本農研機構太陽能光源植物工廠中，種植番茄的樣貌。

播種

1 育苗穴盤的小格子中倒入播種專用土，每一格放入一顆殺菌過的種子，澆水。

發芽育苗

2 放在人造光育苗裝置中發芽（一次育苗），種苗的健康會影響之後的生長狀況，因此一定要在最佳條件下生長。

在育苗塊中栽培

3 當種苗長到一定程度，就會從一次育苗裝置中取出，移到以礦物纖維「岩棉」製成的育苗塊。育苗塊的環境比土壤更適合根部發育。

移往大範圍栽種區

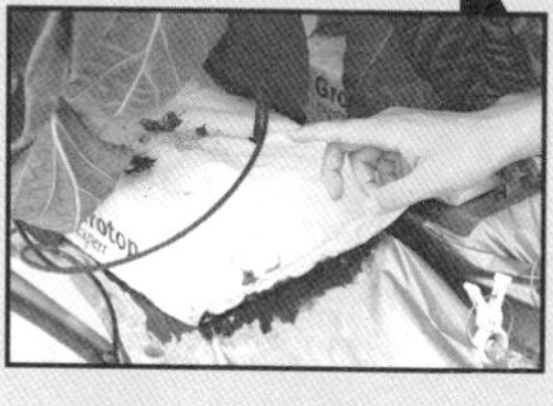

4 等幼苗成長，適應光照環境後，就移往栽種區。將育苗塊放入岩棉培地（定植），在苗床倒入混合肥料的營養液，讓根部吸收水分和養分，使作物迅速生長。

培育果實並採收

5 以番茄為例，一開始有7～9片葉子展開後就會開花。枝葉越長越長，使其纏繞支柱往上生長，避免傾倒。下方的花苞最先開花，開完花就會結果。

植物工廠的研究設施

日本農研機構的「植物工廠筑波驗證據點」是利用太陽能光源的設施，種植番茄、彩椒等作物，同時研究與開發提升生產效率的技術。相關成果都導入全國的植物工廠。

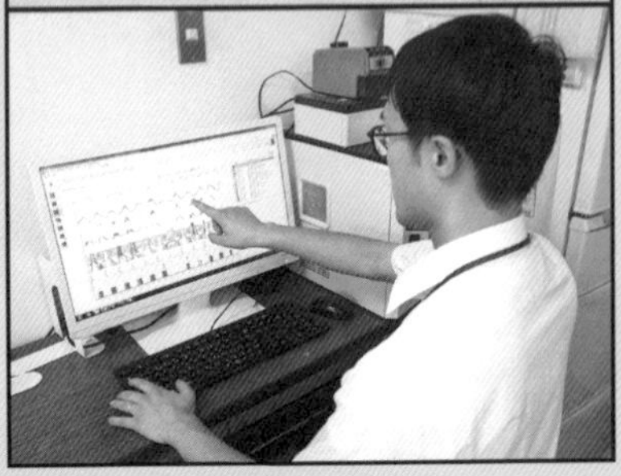

▲設施內的環境感測器收集相關數據，可即時確認工廠環境。當陽光照射量增加，給液裝置會自動出水。

祕密道具

利用光感測器確認美味度

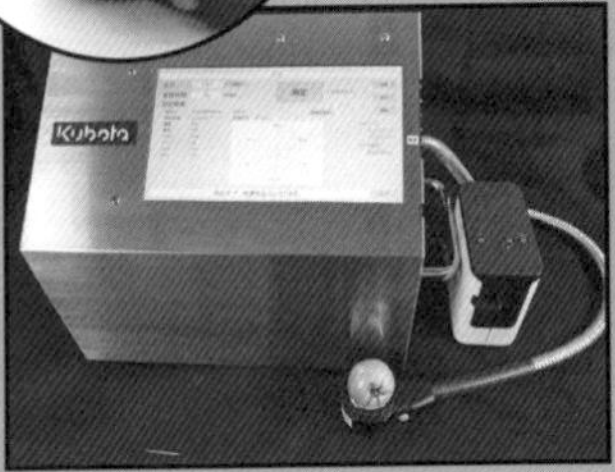

有一種工具只要將光線照射在果實上，就能測量甜度、美味度和茄紅素含量。運用AI技術，讓光感測器學習人類感受到的味道與口感。不用切開果實、不用試吃，就能知道有多好吃。

植物工廠開發出協助農家的技術

茨城縣筑波市的日本農研機構植物工廠，是一間利用太陽能光源的研究設施。導入並嘗試農業先進國荷蘭的栽培技術，將看不見的要素，例如日照量、二氧化碳量、作物細胞中發生的生育數據等，透過系統轉化為可見資料。藉此研究如何提升效率，種出更好吃的蔬菜。

「收穫量預測工具」軟體可以預估某項作物在未來的什麼時候，可以收穫多少量。只要掌握時間與數量，農民就能順利安排工作。日本農研機構還開發了「著果監測系統」，在無人看守的夜間攝影，確認果實數量，協助農民第二天的採收和相關作業。

此外，搭載AI學習技術的光感測器，無須破壞作物就能測量美味度的糖度計也是實用小幫手。有了這項祕密道具，不用切開水果就可以知道甜度和營養成分。以光線照射番茄，就能檢測出甜度、酸度、鮮度（胺基酸）和具有抗氧化作用的茄紅素含量。

目前也在研究無須對作物施加過度壓力，就能提升味道，提高特定營養價值的栽培技術。

影像提供／JAXA

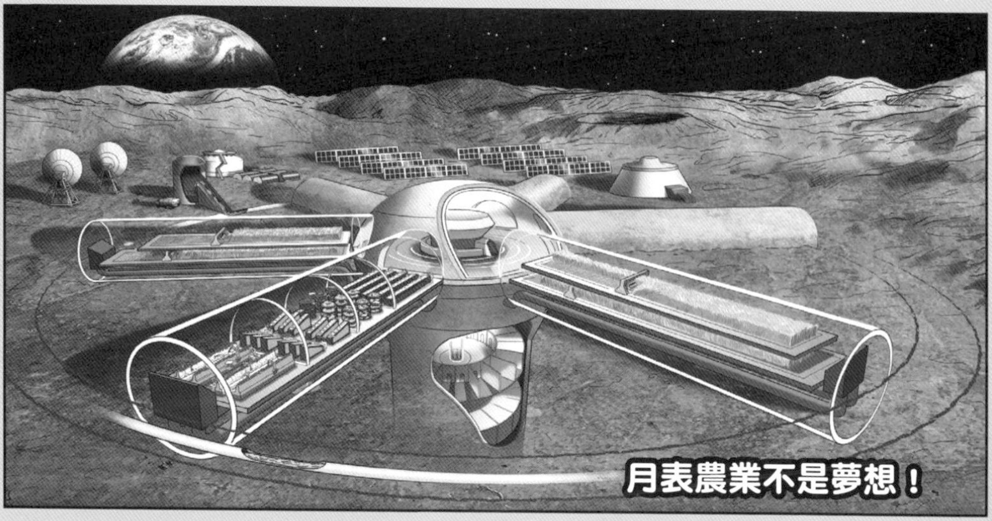

民營企業、大學與日本農研機構共同參與JAXA的計畫，利用植物工廠的技術，研究在月球表面實施農業的可行性。上方影像是月表農業的示意圖（百人規模）。事實上，ISS（國際太空站）內已經有一座小型人造光源植物工廠，還曾種植萵苣。

植物工廠也能做太空餐？

二氧化碳是造成地球暖化的主要原因之一，世界各國都在推動減少二氧化碳的各項計畫。不過，二氧化碳是植物行光合作用的重要元素。無論在植物工廠、農田裡的塑膠溫室，都設置了二氧化碳（碳酸氣體）氣瓶，以促進作物生長。

現在有一種新的工廠概念，它的概念可能有些人無法接受，不過為了有效運用植物必須的二氧化碳，可將植物工廠蓋在清潔工廠旁，利用工廠排放的二氧化碳或焚化爐的熱能培育作物。水也在工廠內循環，可永續使用，是友善環境的環保工廠。

植物工廠的可能性也擴及外太空，現在美國和中國都在推動建設月球基地的計畫。日本的JAXA（宇宙航空研究開發機構）也和NASA（美國太空總署）攜手，計畫在月球基地興建植物工廠（太空花園），太空農業的研究也在起步之中。

或許到了二十二世紀，人類已經可以在月球生活，實現蔬菜地產地消的夢想。

分享口香糖

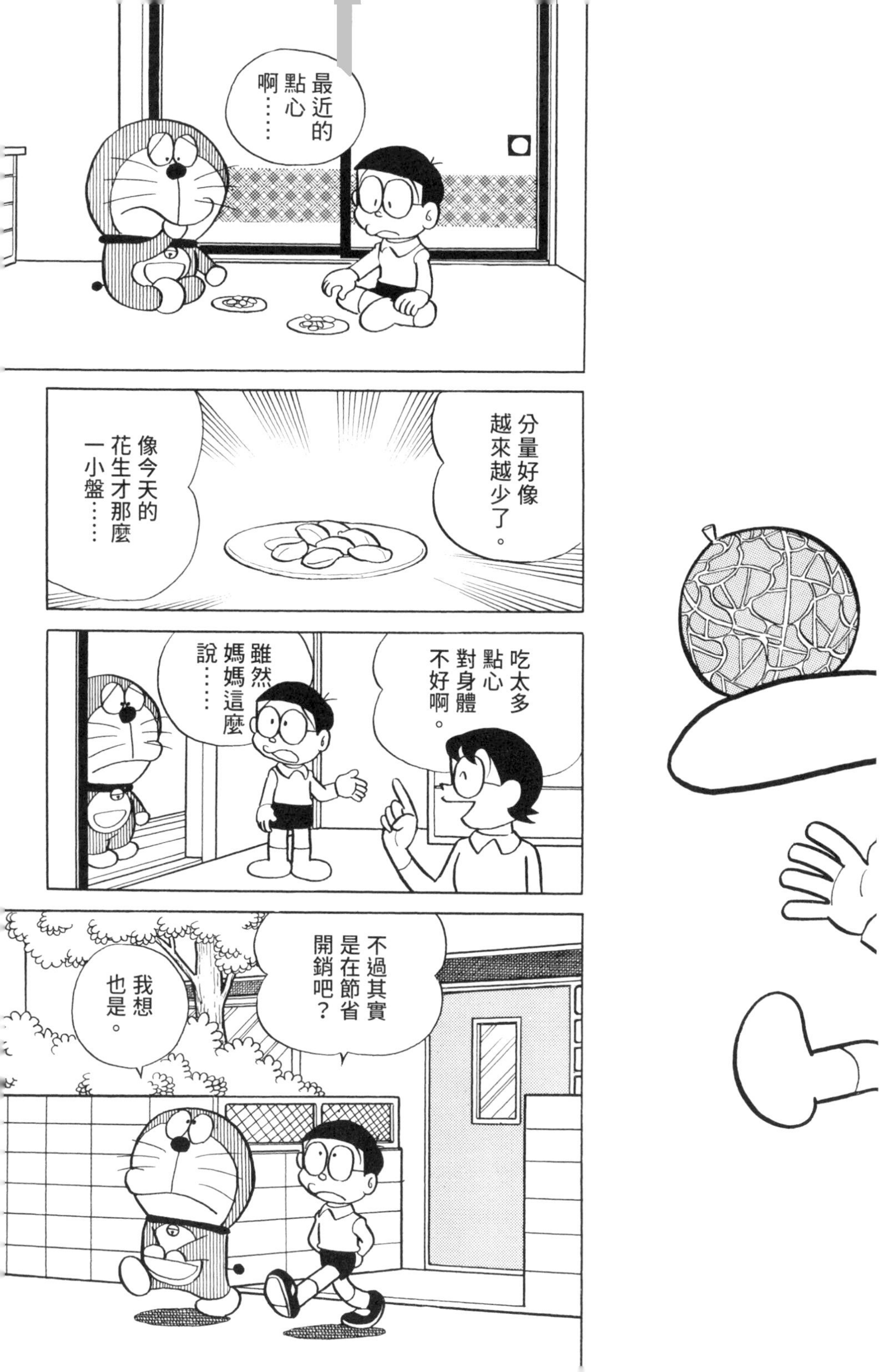
最近的點心啊……
分量好像越來越少了。
像今天的花生才那麼一小盤……
吃太多點心對身體不好啊。
雖然媽媽這麼說……
不過其實是在節省開銷吧？
我想也是。

來玩吧！
抱歉，我現在正要回家。
那我們就到你家去玩吧。
別跟來！
因為我媽媽今天會準備哈密瓜。
你們來的話，我的份會減少。
哈密瓜耶！
好羨慕喔。
我們跟去吧。
咦？
偷看一下。
這樣不好吧？很丟臉耶！
即使你來偷看，我也不會分給你們的！

糧食未來生長罐Q&A

Q 口香糖的原料來自某種樹，請問是什麼樹？①印度橡膠樹 ②全緣冬青 ③人心果

你在吃哈密瓜之前……
要不要先吃這個口香糖啊？
EGUM
不過只能吃⅓片喔。
EGUM
既然你要分給我，那我就吃囉。
剩下的部分就一人一半吧。
這個東西，
叫做「分享口香糖」。
當小夫吃下哈密瓜時，
我們也會同時品嘗到他的味道。
這顆哈密瓜真好吃！
真的耶！
咀嚼
咀嚼
不只舌頭嘗得到味道，連牙齒都充滿了口感。

A ③人心果樹是種植於中南美的常綠樹，從樹液萃取的成分「糖膠樹膠」是口香糖的原料（口香糖基底）。

真迷人的香氣！
咀嚼
咀嚼
咀嚼
咀嚼
今天哈密瓜的品質是不錯啦……
可是味道好像不夠濃耶，
只有平常的$\frac{1}{3}$左右。
哇，真好吃。
連肚子也覺得飽了呢。
再給我那種口香糖吧。
你要幹什麼？
拿去分給大家啊！
你今天的點心是什麼呢？
大概是蛋糕吧。
太好了！
那請你吃半片口香糖吧。

糧食未來生長罐Q&A

Q 在日本農業界，哈密瓜、西瓜、草莓等不是「水果」，而是「蔬菜」。你知道為什麼嗎？

A 因為它們都是在田地種植的一年生草本植物。蘋果、蜜柑都是從生長兩年以上的果樹採收的，因此被分在「水果」類別。

柏葉麻糬吧？
很好，先吃半片吧。
給你半片。
給你！
也給你！
不管是誰都分半片吧。
？
準備好了！
接下來我就能好好品嚐各種點心囉！
為什麼大雄要給我口香糖啊……
該不會是偷沾了鼻屎吧？
左看右瞧
喔！是蛋糕的味道耶！
應該是靜香開始吃點心了。

柏葉麻糬是我最愛吃的。
鯛魚燒？
不錯，好吃喔！
好燙啊！
吃拉麵時也不先吹一下！
香蕉、紅豆冰、冰淇淋……
哇，吃那麼多，已經好飽了。
媽媽剛剛想過了，
偶爾吃吃豪華的點心也不錯，所以特地烤了蛋糕。
嗚噁！
我特地為你們烤的耶！
我等等一定吃！
好像又有人吃了什麼。
別再吃了，愛吃鬼！
!?
這、這什麼味道啊!?
好像是腐壞的肉。

糧食未來生長罐Q&A

Q 以下哪個不是哈密瓜的親戚？①小黃瓜 ②茄子 ③番茄 ④南瓜 ⑤西瓜

A ②與③。茄子和番茄都是茄科植物，哈密瓜、小黃瓜與南瓜是葫蘆科植物。

竟然還嚼魚骨頭！
已經臭掉的飯！
還有發霉的起司！
好噁心~別再吃了啊！
我快要吐出來了!!
我把剛剛的口香糖給那隻狗吃了。
噁~~
噁~~
汪……

美食集散地「市場」的工作內容

日本最大的果菜市場

大田市場的批發處。這裡全都是來自國內外的蔬菜水果，一天的交易量約為3800噸。負責搬運果菜的小型搬運車「ターレ（turrent）」在場內來回行走，前往各個場域進行拍賣。場內還有大型預冷倉庫、管理所有交易數據的電算室等。

不論是日本或是台灣，幾乎全國各地生產的蔬菜水果都會送到「批發市場」，透過「拍賣」的方式決定價格，再送到大家居住的城市裡。

專業「拍賣員」的世界

蔬菜、水果、肉、魚等生鮮食品的收穫量容易受到天候影響，導致價格起伏，也很難長期保鮮。「拍賣市場」就是在農家等生產者和一般消費者之間搭起的一座橋梁，調整生鮮食品的品項數量與價格。批發市場的職責是確保食材在新鮮狀態下交易。日本全國一共有六十四處中央批發市場，再細分為果菜市場和魚市場等。

東京都中央批發市場之一的「大田市場」，是以蔬菜水果（果菜）為主的市場，規模很大，為日本第一，光是果菜的交易金額一年就超過三千億日圓。負責管理市場的批發業者大半夜不休息，將來自國內外的蔬菜水果送至批發處。批發業者代替生產者販售生鮮食品，舉行「拍賣會」。

◀定期拍賣會通常販售番茄、萵苣、蘋果等基本商品，和當季第一批上市的「當季食材」。拍賣牌上寫著商品名稱、產地、等級等相關資訊。

▼來參加拍賣競標的盤商在拍賣開始之前，親眼確認商品品質。無論是拍賣員或盤商，「識貨的眼光」最重要！

靠「手勢」進行拍賣

拍賣員站在拍賣場上，大聲說出品種名稱與商品等級，盤商則以手指比數字，利用「手勢」顯示價格。拍賣員必須唸出最高價，唸三次後拍板售出，由比出最高價的人帶走商品。除了拍賣之外，也可以和盤商直接議價，稱為「議價交易」。一般來說，「議價交易」的比例較高。

▲仔細檢查高級松茸的品質，進行拍賣。

農家→市場→店家 果菜運輸過程

❶在田地採收

⬇

❷選果、裝箱

先在農民合作社依照大小等級分類裝箱。

⬇

❸預冷

將容易損傷的果菜放在冰箱冷藏，等待出貨。

⬇

❹出貨、搬運

⬇

❺市場人員檢查

果菜送到市場後，批發業者檢查品質和數量。

⬇

❻透過拍賣等方式交易

⬇

❼出貨、送至店面

早上9時前出貨，在店面營業前到貨。

隨著天色越來越亮，拍賣處也越來越熱鬧，開始拍賣的鐘聲每隔幾分鐘就會響起。拍賣員的喊價聲與盤商的「手勢」相互應和，一般人很難理解拍賣過程。由於拍賣員的喊價聲聽在日本民眾耳裡很像「YacchaYaccha」，因此自古日本人就將果菜市場稱為「Yaccha市場」。

每項商品只需數十秒就能賣出，拍賣速度相當快，因此一到兩小時之內就能完成一整天的交易，開始準備明天的拍賣會。

酪農業的英語是「dairy」，這個字與「daily（每天）」很像。可以記成酪農每天（daily）都要做許多繁重的工作，負責照顧牛隻，擠乳，有時還要協助母牛生產。

配合牛隻的生活步調

飼養乳牛、擠乳與生產生乳的農業型態稱為「酪農業」。將生乳製成牛奶或乳製品（奶油、優格、起司、鮮奶油等）的產業稱為「乳品製造業」。

乳牛以草為主食，將草的營養轉化為乳汁。和人類一樣，只有生小牛的母牛才會分泌乳汁，泌乳期間為三〇五天。一隻母牛一年約可生產八千公斤的生乳。

影像提供／photolibrary

酪農一大早就要工作，這是為了配合牛隻的生活步調。酪農必須在固定時間餵牛、擠乳。

以體重六百公斤的乳牛為例，每天要吃三十公斤左右的食物（牧草、青貯飼料或穀物製成的飼料等）。青貯飼料是將綠色牧草割下後，放在筒倉發酵。規模較大的酪農

酪農農家的一天

時間	工作
5 6 7	清晨的工作／打掃、餵牛、擠乳、出貨（生乳）等
8 9	休息
10 11 12	上午的工作／整理牧場、田地工作、協助生產等
13 14 15	休息
16 17 18	傍晚的工作／打掃、餵牛、擠乳、準備明天要處理的事情等
19 20	休息
21 ～	睡前巡視牛舍，確認牛隻狀況

不只要照顧牛隻或擠乳，還要製作青貯飼料，將牛隻排出的大量尿糞做成堆肥。由於工作十分繁重，適合引進「智慧酪農」。利用AI技術、無人機與通訊儀器，管理餵水、餵飼料、測量牛隻體重、計算發情時期和監視放牧牛隻等工作。

日本人喝牛奶的歷史悠久

牛奶在明治時代普及於日本。千葉縣出身的前田留吉向荷蘭人學習技術，一八六三年在橫濱製造與販售牛奶，創下日本首例。明治政府也向北海道的開拓者推薦經營酪農業，強調牛奶的營養價值。隨著日本人的飲食習慣逐漸歐美化，牛奶和乳製品成為一般民眾的日常食物。

▲生乳最重要的是新鮮度，日本各地都有生乳，產量最多的地方是北海道。北海道有廣闊的牧草草原，氣候涼爽，最適合飼養不耐高溫的乳牛「霍爾斯坦牛」。

事實上，牛奶從很久以前就傳入日本。根據文獻記載，七世紀中期的飛鳥時代，從百濟（古代朝鮮）渡來人（移民）之子向天皇獻上牛乳。奈良時代還有官職稱為「乳戶」。貴族吃的「蘇」是古代起司，由於深受貴族階級喜愛，天皇還命令要多做一些。

平安時代的醫書《醫心方》寫道：「牛乳補全身衰弱，促進通便，使皮膚光滑。」雖然當時不知牛奶含有鈣、蛋白質、礦物質、維他命等營養素，牛奶的功效卻是自古聞名。

古代乳製品超級好吃

食物小故事

在飛鳥時代登場的「蘇」是長時間熬煮牛奶之後，凝固而成的食物，帶有起司般的香味。古代的乳製品還包括「酪」、「生酥」、「熟酥」、「醍醐」，一般認為是像鮮奶油或牛油的食物。其中最好吃的是「醍醐」，以「無上法味」的佛教最高教義為名。「醍醐味」便是出自這款古代乳製品。

影像提供／PIXTA

持續增加的「肉類」消費量

飼養牛、豬、雞等家畜，生產人類生活必吃的肉類和蛋的產業稱為「畜產業」。接下來為各位介紹養出健康家畜的工作內容與豢養巧思。

僅僅六十年消費量增加了十倍！

人類自古獵捕野豬或鹿，吃牠們的肉、穿牠們的毛皮保暖，還用牠們的骨頭和角製作各種工具。從一萬年前開始，人類開始飼養野生山豬和盤羊，經年累月下來，這些動物成為豢養的豬和羊等家畜。牛與雞也在數千年前家畜化。

日本從以前就有狩獵和飼養動物的習慣。不過，在嚴禁殺生的佛教教義普及之後，日本人開始改變飲食型態，以米、雜穀、豆類和蔬菜為主。事實上，直到最近這六十年，日本國內的肉類消費量才一口氣暴增。飲食習慣歐美化，畜牧技術大躍進都是主因。一九六〇年每人每年約消費三點五公斤的肉類，五年後成長三倍，如今已增至十倍。

另一方面，儘管機械化越來越普遍，每戶飼養頭數增加，但農家高齡化、接班人不足、進口肉品急增，依舊抵擋不住酪農、畜產農戶數逐年減少的趨勢。

此外，從動物身上取肉或牛奶，還是需要穀物飼養動物。下方表格是以玉米換算生產一公斤

全球「肉類」人氣排行榜

名次	肉類
第1名	雞肉
第2名	豬肉
第3名	牛肉
第4名	羊肉、山羊肉

▲全世界吃最多雞肉和牛肉的國家是美國，吃最多豬肉的國家是中國。伊斯蘭教不吃豬肉，印度教不吃牛肉。日本長久以來豬肉消費量都是第一，2012 年雞肉奪下冠軍。

必要穀物量

雞肉1kg	=	穀物4kg
豬肉1kg	=	穀物7kg
牛肉1kg	=	穀物11kg
牛奶1kg	=	穀物1kg
蛋 1kg	=	穀物3kg

（日本農林水產省 2015 年調查結果）

畜產所需穀物量的結果，幾乎所有飼料（穀物）皆仰賴進口。從這一點來看，實現「吃更多肉」的願望，不是一件簡單的事情。

減少牛隻「打嗝」的做法

「想吃更多肉也無法如願」還有另一個原因，那就是畜產業排放許多導致地球溫度升高的溫室效應氣體（二氧化碳、甲烷、一氧化二氮等）。畜產業排放的溫室效應氣體，在全球溫室效應氣體總排放量中約占一成四，相當於汽車、飛機的排放量。

畜產業的工作流程有許多排放溫室效應氣體的機會，包括生產和搬運飼料、處理食用肉品。其中最受矚目的，是牛隻打嗝和處理牛糞、尿液等作業。

牛隻為了消化飼料含有的纖維質，會在口中咀嚼，吞下肚後再反芻至口中，再次咀嚼吞下肚……不斷重複這個過程，利用胃裡的細菌進行分解。胃裡的細菌之一「甲烷菌」會產生甲烷氣體，隨著牛隻打嗝或放屁排出體外。

牛隻打嗝含有的甲烷導致的溫室效應是二氧化碳的二十五倍，研究機構正在思考對策，積極開發可避免生成溫室效應氣體的飼料。日本農研機構鎖定甲烷排放量較少的牛隻體內的細菌，讓其他牛隻增生這種細菌，藉此減少甲烷的排放量。希望能培育出生產大量牛奶，減少甲烷排放量的乳牛。

未來將邁入循環型畜產農業

將家畜排出的排泄物送到專業處理廠做適度處理，但牛隻排出的糞便尿液會產生甲烷。尿液排放至河川前的淨化過程則會生成一氧化二氮，這也是一種溫室效應氣體。這樣的處理方式並不環保。

日本人自古就會將家畜的糞便尿液灑在菜園或農田，讓土壤肥沃，促進作物生

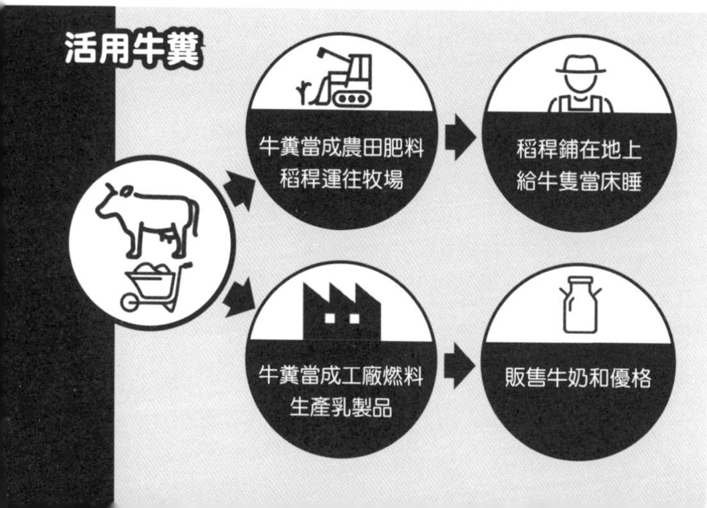
活用牛糞
牛糞當成農田肥料
稻稈運往牧場
稻稈鋪在地上
給牛隻當床睡
牛糞當成工廠燃料
生產乳製品
販售牛奶和優格

長。目前也有人想到將甲烷氣體當成生質燃料使用，藉此取代天然氣。事實上，已經有工廠將甲烷氣體當成燃料使用。

衷心期待將牛隻排泄物當成肥料或資源，運用在農地、牧場和工廠，人類再從牛隻身上攝取養分的「循環型」畜牧與酪農越來越普及。

重要的「動物福利」

讓家畜住在更舒適的環境，抱持愛護之心飼養的觀念已經成為國際主流。這樣的想法我們稱為「動物福利（animal welfare）」。

家畜與飼養者建立良好關係，就能減輕壓力和生病機率，有助於生產優質畜產品。一改過去豬隻和雞隻擠滿飼養空間的狀態，讓牛隻在草地生活的「放牧」型態再次受到注目。

以乳牛為例，農家為了擠牛乳，在母牛生下小牛後，很快就將母子分開飼養。肉牛也是如此，讓哺乳機器人養育小牛。這類飼養方式越來越普遍。為了避免母子分離造成小牛壓力，日本農研機構開發出理毛模擬裝置。理毛是母牛用舌頭舔拭小牛的行為。工作人員在小牛的牛舍安裝理毛模擬裝置，讓小牛感受母牛舔毛的體驗。試過之後，發現小牛變得更健康，不容易生病，體重也增加得很快。這就是提升動物福利最淺顯易懂的範例。

此外，日本農研機構也培育出專門餵養牛隻的稻子品種，製造讓牛隻更開心的飼料。稻子收割之後，利用儲存時間添加乳酸菌發酵，就能做出牛隻喜歡吃的飼料（水稻發酵粗飼料）。

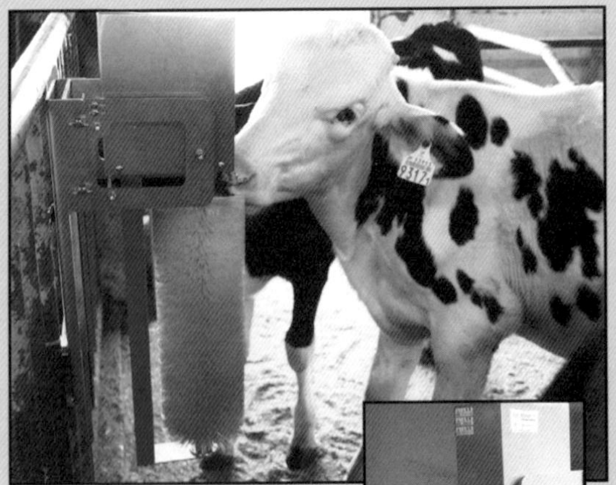

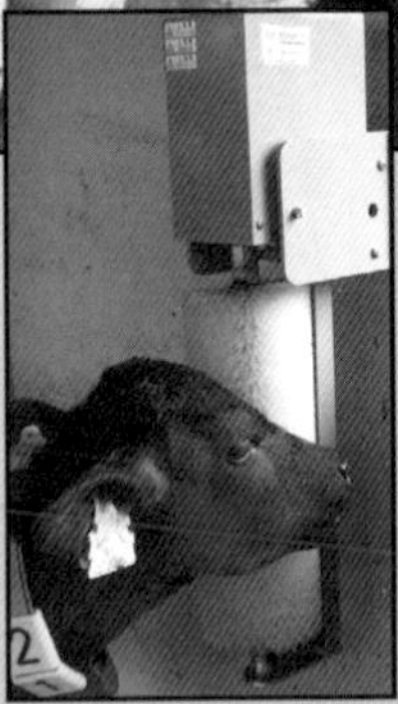

▲▶小牛一直用臉磨蹭理毛模擬裝置。表面粗糙的刷子類似母牛舌頭的觸感，做成直徑10cm× 長 50cm 的圓筒狀。小牛用身體磨蹭時，電動刷子就會旋轉。

影像提供／日本農研機構

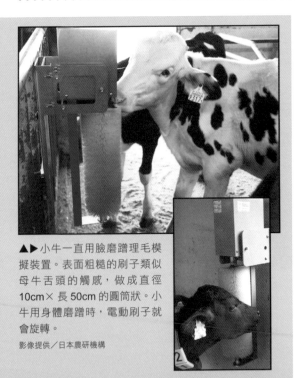

為什麼世界各國都有「和牛」？

黑毛和種是日本飼養數量最多的肉牛，其最大的特徵就是霜降肉。霜降肉是一種瘦肉和脂肪均衡，油脂紋路分布細小均勻的高級肉品。聞名國際的「松阪牛」、「近江牛」、「但馬牛」都是黑毛和種的知名品牌。其他還有褐毛和種、日本短角種、無角和種，這四個品種與雜交種都稱為「和牛」。

所有和牛的小牛一出生就有出生證明，還有個體識別編號。這些登錄資料是為了確保「和牛」的美味、品牌與安全性。

不過，外界過度關注和牛的美味，也引發許多麻煩。二〇一九年，日本警察逮捕了企圖將和牛受精卵帶到中國的日本人。未經許可就在海外飼養和牛，將導致日本畜牧農家血本無歸。不僅如此，混入澳洲產、加拿大產等非和牛血統的牛肉以「WAGYU（和牛）」之名販售，也造成外界極大的誤解。二〇二〇年，日本將和牛的基因資源視為智慧財產，制定法律嚴禁非法出口，加強保護珍貴的和牛資產。

▼繁殖農家將小牛養到 10 個月大後，就交給肥育農家接手。等到肥育農家花 20 個月的時間，將牛隻養到體重 760kg 左右的肉牛，就能販賣出貨。

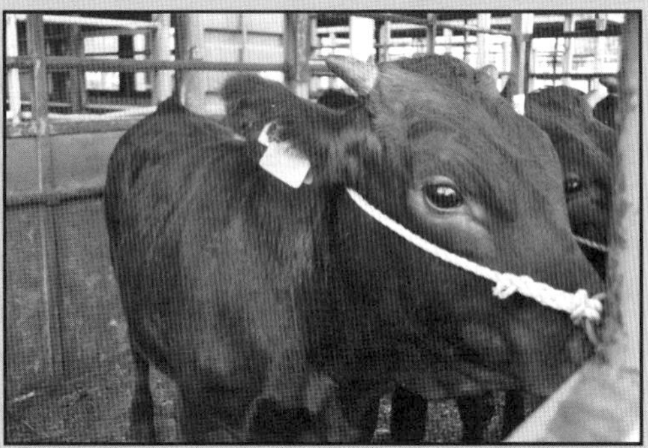

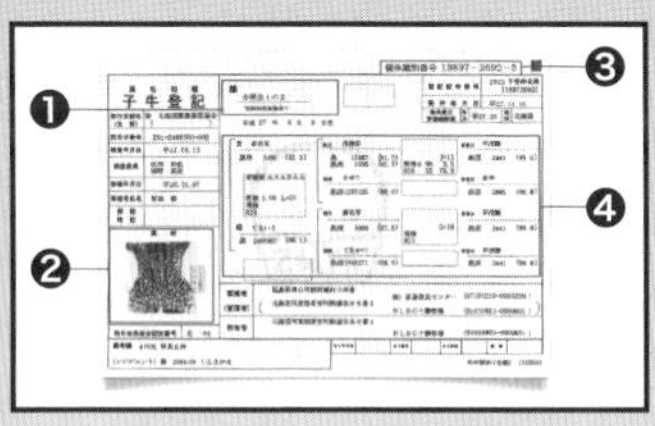

◀小牛的身分登記證明書。

❶姓名 ❷鼻紋
❸個體識別編號
❹血統

避免動物生病

「口蹄疫」、「豬瘟」、「約尼氏病（副結核病）」等都是人豬共通疾病。各農場、家畜防疫機關和檢查機關共同合作，保護動物和人類的安全。侯鳥和野鳥很容易將病毒傳染給雞，預防家畜生病是一件相當困難的事情。最棘手的是「禽流感」。2020 年秋天～ 2021 年春天爆發禽流感時，日本全國養雞場總共撲殺了將近一千萬隻雞。早期發現和早期治療是對抗各種疾病最關鍵的方法，自動監測家畜健康狀態的穿戴式裝置與 AI 技術正在開發之中。

雞蛋 享用完全營養食物

荷包蛋、歐姆蛋、布丁、美乃滋……雞蛋可以變化出形形色色的各式料理，是全世界都愛吃的食物。除了雞蛋之外，蛋還有很多種。

日本排行全世界最愛吃蛋第二名！

四千多年前的埃及人飼養鴕鳥，中國人飼養雞，人們不只吃牠們的肉，也吃蛋。大約兩千年前的古羅馬貴族參加晚宴時，前菜一定是水煮蛋。日本現在每人每年吃下三百三十顆雞蛋，消費量僅次於墨西哥，位居第二。十六世紀從葡萄牙傳入長崎蛋糕等蛋類料理之後，日本人想出許多獨特菜色或甜點，例如江戶時代有天婦羅、明治時代有蛋包飯、銅鑼燒等。

如今日本消費的雞蛋約九成五為國產品，可以吃到新鮮美味。白色雞蛋幾乎都是力康雞生的，每隻母雞一年可產下兩百八十顆蛋。其他還有「名古屋交趾雞」等傳統品種，近年育種的「岡崎 Ohan 雞」、「櫻花雞」、「紅葉雞」也備受矚目。「岡崎 Ohan 雞」的蛋黃較大，很適合做成生雞蛋拌飯。「櫻花雞」很容易打發，適合做蛋糕。

▲除了維他命 C 和膳食纖維，雞蛋幾乎內含所有營養素，因此被稱為「完全營養食物」。

▲「力康雞」是全世界知名的蛋雞代表品種。

無論哪一種蛋，蛋殼都呈圓弧形，提升強度，保護珍貴的蛋黃與蛋白。蛋殼是由鈣構成。

▶鴯鶓蛋很硬，必須用鐵鎚敲開。

鴕鳥蛋

棲息在非洲草原，是全世界體型最大的鳥類（背部到地面的距離超過 2m）。長 18～20cm、重 1.2～1.9kg。成年人坐在鴕鳥蛋上也不會壓破。

鴯鶓蛋

棲息在澳洲乾燥地區的大型鳥類，綠色蛋殼為保護色。長 15cm、重量超過 500g。吃下後不易過敏，深受各界矚目。

鴨蛋

家鴨是綠頭鴨改良的品種，鴨蛋比雞蛋大一號，長約 7cm、重約 75g。蛋黃比例較大，營養價值也高。

鵪鶉蛋

長約 3cm、重約 10g，外殼的斑點圖案是模擬地表的保護色。就像人類的指紋，每隻鵪鶉生的蛋，外殼的斑點圖案都是固定的。

◀以鴕鳥蛋煎的荷包蛋。蛋黃與蛋白加起來是雞蛋的二十到二十五倍。

◀以稻殼包覆鴨蛋使其熟成，這是中華料理常見的「皮蛋」。

★請參閱鳥類圖鑑，確認外表樣貌。

合成礦山元素

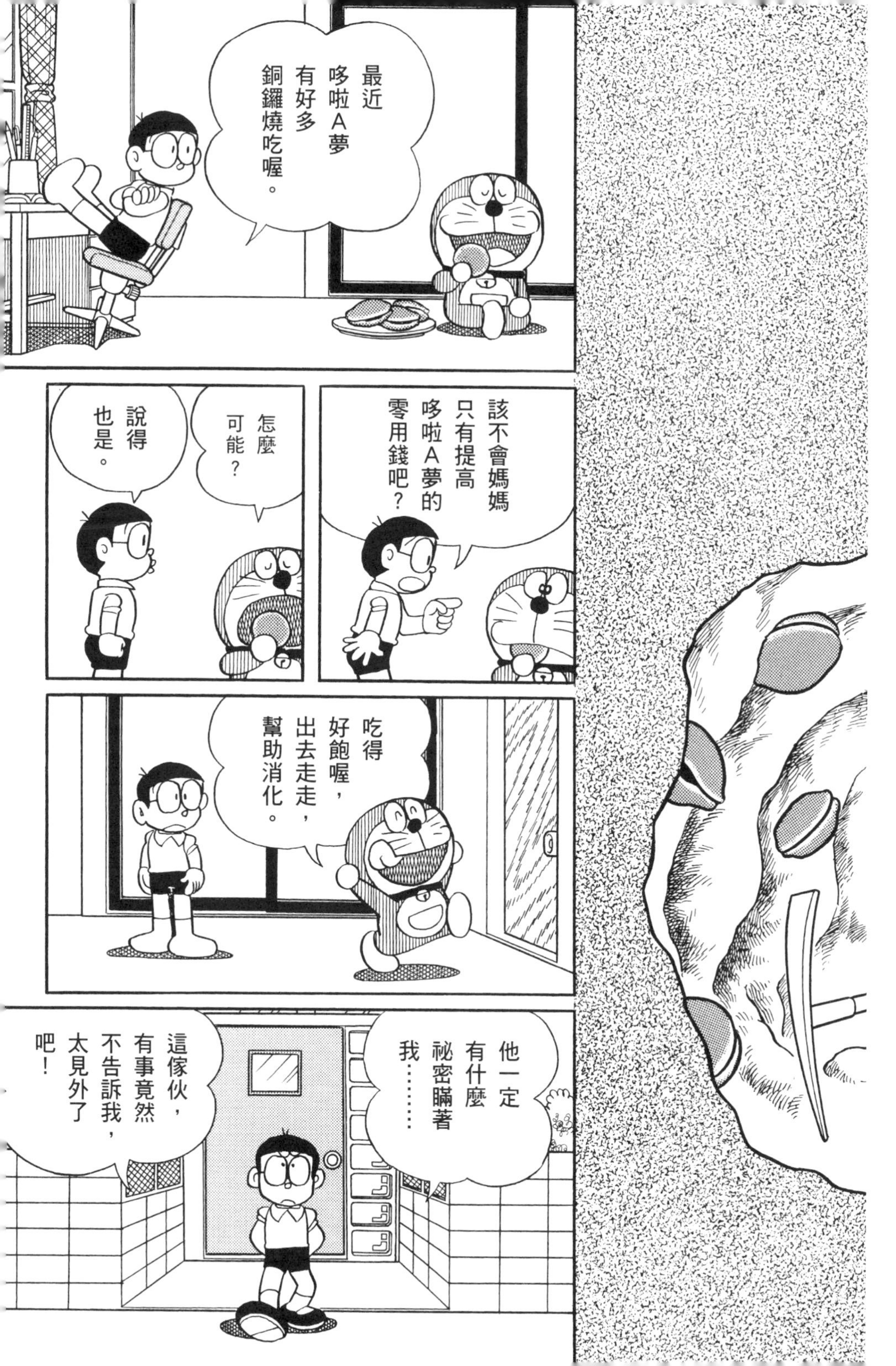
最近哆啦A夢有好多銅鑼燒吃喔。
該不會媽媽只有提高哆啦A夢的零用錢吧？
怎麼可能？
說得也是。
吃得好飽喔，出去走走，幫助消化。
他一定有什麼祕密瞞著我……
這傢伙，有事竟然不告訴我，太見外了吧！

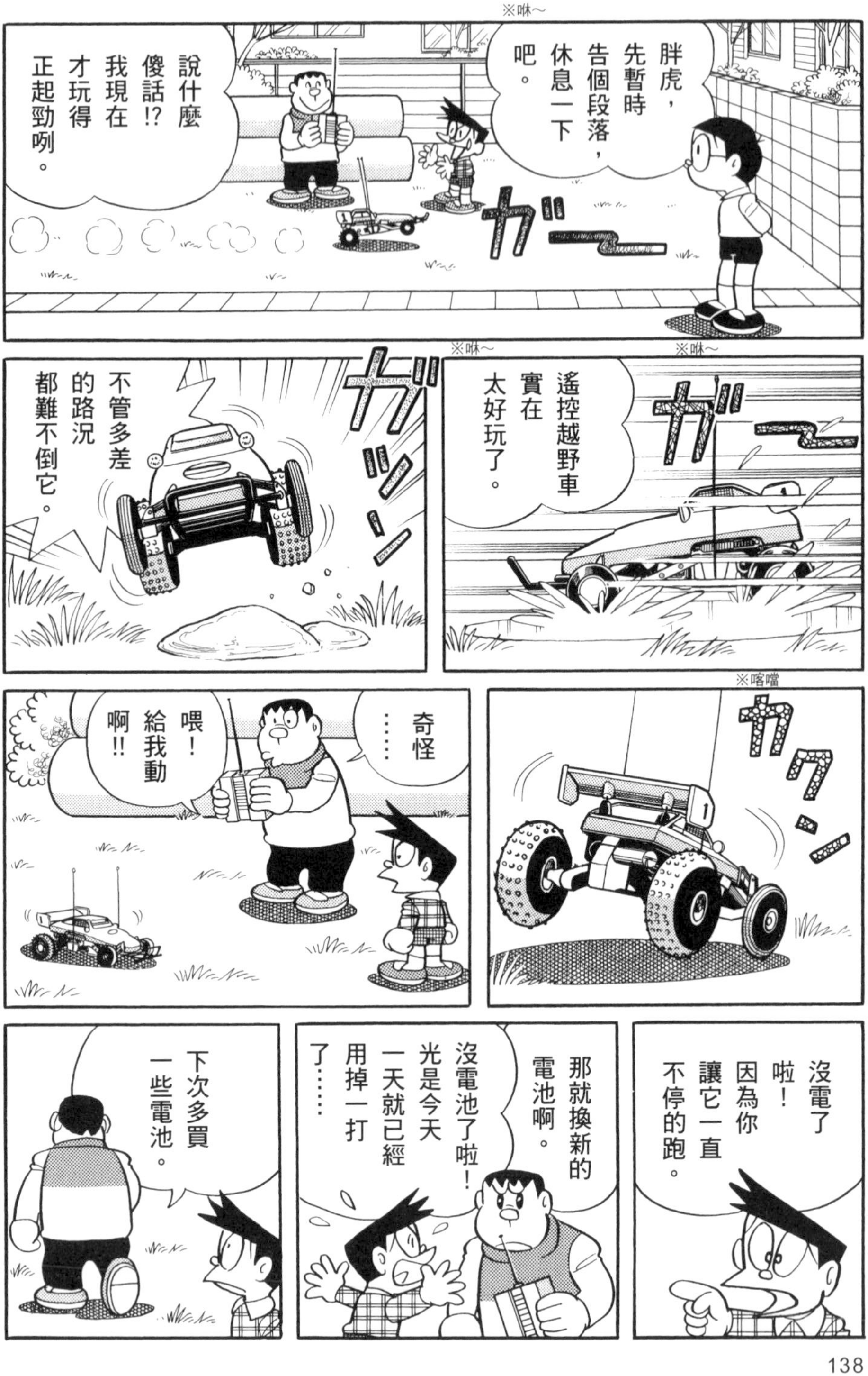

糧食未來生長罐Q&A

Q 哪個蔬果實際存在？①馬鈴茄（番茄×馬鈴薯）②白藍菜（白菜×甘藍）③枳橙（柳橙×枳）

A 以上皆是。三個選項都是經過研究育成的食物。「馬鈴茄」長在地上的部分是番茄，長在地下的部分是馬鈴薯。

暫時不玩遙控車了啦！
要花那麼多錢買電池實在吃不消。
等等……
幹嘛？
要是我拿一堆電池來，你會借我玩遙控車嗎？
好啊……
但你有電池嗎？
沒有。
我只是問問而已。
我沒有電池啊。
鼾……
ガバ
剛剛好像有人偷偷的……
走出這個房間……

※坐起

※匡、匡、匡
ザク…
ザク…
ザク…
院子裡有聲音。
※匡、匡
ザク…
ザク…
哆啦A夢!!
啊……被你發現了。
三更半夜你到底在做什麼啊？
我在挖銅鑼燒啊。
土裡面怎麼會有銅鑼燒!?
這不是土，這是「合成礦脈」。

糧食未來生長罐Q&A

Q 以下哪一項可在礦山採到？①鹽 ②砂糖 ③檸檬酸

A ①岩鹽礦山是海水在地底深處封存好幾億年後形成的，可挖出岩鹽（氯化鈉形成的礦物）。

就是用這個做成的。
「合成礦山元素」。
就是所有元素種類的混合液。所以任何東西它都可以幫我們合成。
什麼是元素啊？
元素就是氧、氫、碳、氮、氯、金、銀、鐵、銅、鉛、鈉、鈣……等，全部共有三百零三種。
整個宇宙都是由這些元素所組成的。
連地球和太陽也是由元素所組成。還有水、空氣和海陸也是…甚至連我、大雄和銅鑼燒都是。
……那電池也是囉？
當然。
做一座電池礦山給我!!
庭院不行啦，因為已經被銅鑼燒塞滿了。
在哪裡做好呢？

Q 在地底深處成長的東京傳統蔬菜是什麼？

到後山去應該就不會被別人發現了吧。
先讓「機器鼴鼠」幫我們挖好直通到底的洞穴。
ガッ
※鑽入
然後加入「礦山元素」。
ドボ
ドボ
※倒入
再丟一個電池進去。
等混合元素液體硬化，形成礦脈，合成電池之後……
明天下午，我們就可以挖到滿山滿谷的電池了。
我回來了!!

A 食用土當歸。高度可超過一公尺的山菜，生長在光照不進來的洞穴，發出白芽。吃之前要先去澀。

走吧、走吧。
昨天我們倒下礦山元素的地點是那邊才對喔。
只要從半山腰挖進去的話，就可以直接挖到礦脈了。
「強力十字鎬」。
只要用一點點力氣，就能轉變成一百倍的力量。
真的耶，這樣就完全不會累了。
ガチガチ
ガチガチ
コキン

※鏘

※匡啷、匡啷、匡啷

是礦脈。從這裡開始得謹慎一點挖才行。
哇~~好多電池喔!!
是你自己說的喔，遙控車借我們吧。
下次再說。
※砰
到後山來測試一下遙控越野車的威力。
喔！有這麼多電池啊，真是太棒了。

Q 有一種動物擅長尋找歐洲的高級蕈菇「松露」，請問是哪一種動物？

A

豬。人類很難發現長在地底的松露，但母豬對於松露的味道很敏感，受到人類重用。現在人類也借助狗的嗅覺找出松露。

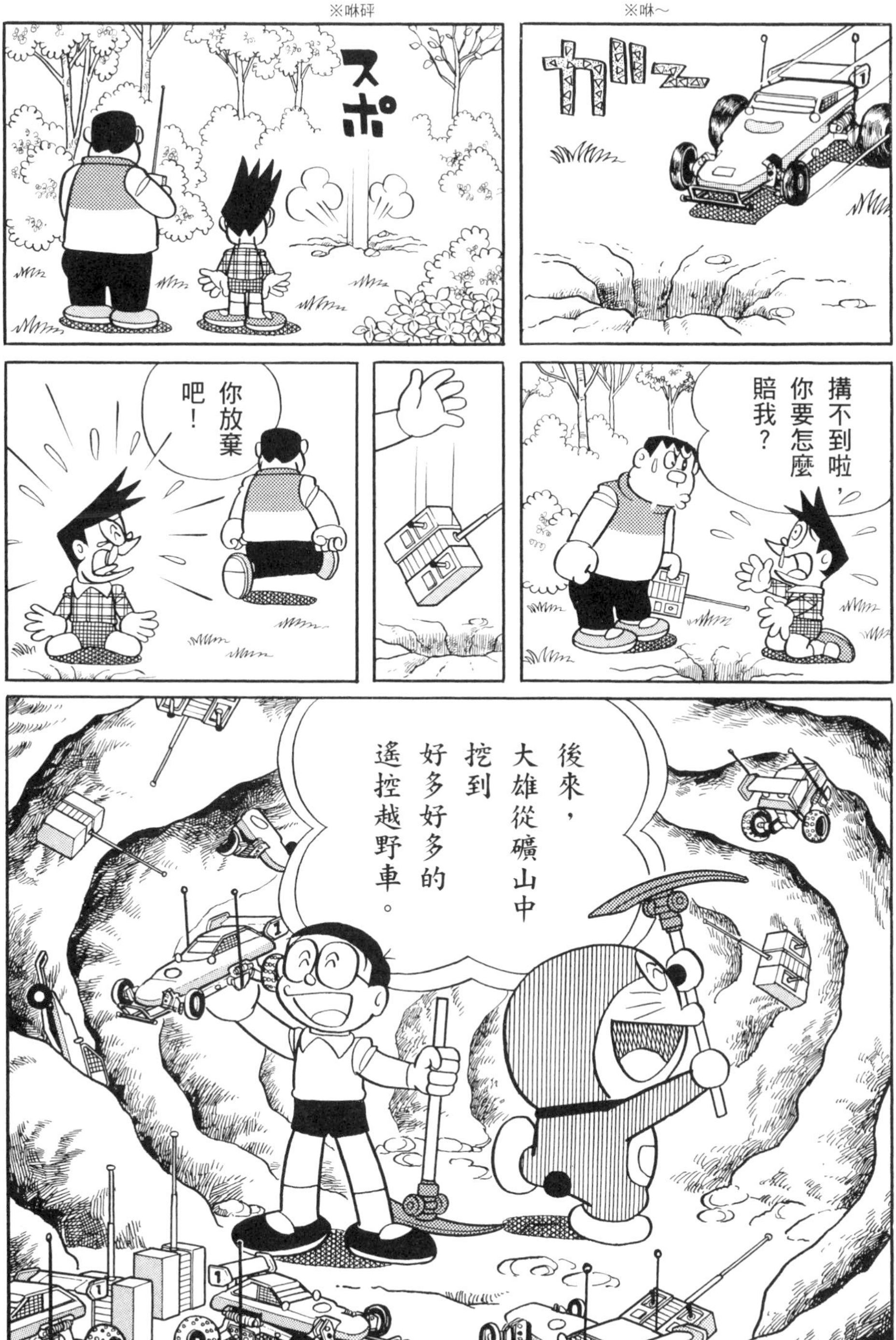
※咻～
※咻砰
スポ
搆不到啦，你要怎麼賠我？
你放棄吧！
後來，大雄從礦山中挖到好多好多的遙控越野車。

大變身！加工食品的真面目是什麼？

市面上有各式各樣的加工食品，包括火腿、香腸、魚漿製品、罐頭、調理食品等。加工食品的優點是不浪費任何食材，還能延長保存期限，可說是科技與智慧的結晶。

製作加工食品的目的各有不同，有的是將帶有苦味的食物，透過加工方式變得更好入口；也有人利用鹽漬或發酵方式，延長食材的保存期限；亦能增加各種吃法，讓飲食增添變化。或是利用便宜的食材，取代高級食物等。

蒟蒻的原料是魔芋。魔芋具有毒素，不可生吃。但透過加工方式，添加石灰液去澀，就能變成美食。

最近還出現了口感近似生牛肝、煙燻鮭魚的蒟蒻食品，令人嘖嘖稱奇。

猜不出原料的食品陸續問世

小麥做成麵包、牛奶做成起司或優格、黃豆做成豆腐……從味道、顏色、名稱不難猜想其原料是什麼。不過，各位想得到用玉米做的汽水軟糖、用馬鈴薯做的冬粉嗎？這些食物無論在味道和外觀上，原料與成品皆不同，不禁敬佩前人的智慧，可以掌握食材的變化程度與加工方法。

馬鈴薯

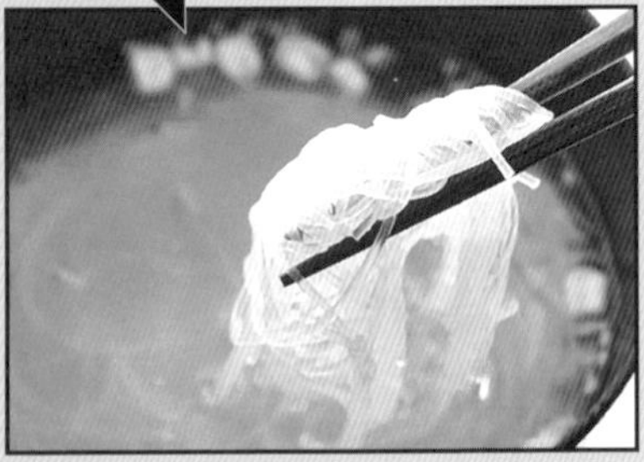

冬粉

基本上中國用綠豆、韓國用番薯、日本則是用馬鈴薯澱粉製作冬粉。

馬鈴薯

蕨餅

蕨餅原本是用蕨粉做的日式點心，由於蕨類根部很稀少，後來大多使用太白粉。太白粉原本是用豬牙花的鱗莖製成，如今改用馬鈴薯澱粉。

影像提供／photolibrary

米

糠味噌（米糠醬）

雖然有「味噌」兩字，但不是用黃豆做的。糙米在精製的過程中會產生粉，稱為米糠，拌入鹽和水使其發酵，就是米糠醬（米糠床）。可醃漬蔬菜，做成米糠醬菜。只要每天適度攪拌，米糠醬可以半永久性的持續使用。

狗母魚、石首魚、海鰻、鯊魚等

▲黃線狹鱈

玉米

汽水糖

以玉米製成的玉米澱粉，混合糖粉和檸檬酸製成，加入小蘇打粉，可以感受類似汽水的泡泡口感。

火腿、香腸

生肉會孳生細菌或腐爛，但加鹽醃漬後再煙燻加工，就能延長保存期限。火腿與香腸都是煙燻製品。香腸的腸衣通常使用羊腸或豬腸。

豬肉等

魚板、竹輪、蟹肉棒

有些魚直接吃沒什麼味道，但做成魚漿加熱就變得無比美味，狗母魚、石首魚和鯊魚都是最好的例子。肉質較瘦且具有彈性的魚，最適合做成魚漿製品。黃線狹鱈是最常見的魚漿製品原料。將魚肉磨成漿，放入模型蒸熟定型就是魚板，裹在棍子上烤熟就是竹輪，油炸可做成薩摩炸魚餅，與蛋、砂糖拌勻後煎熟即為伊達卷。只要善用色素和調味料，也能做出口感與螃蟹、干貝一模一樣的魚板。

素肉、培植肉與食用昆蟲

「食品科技」結合了食品（糧食）與科技（技術），開發出新的加工食品。素肉、培植肉與食用昆蟲就是當中的例子。

SDGs的大豆肉

不少超市或速食店販售以「大豆肉」製成的素漢堡排、炸素雞塊或素肉漢堡。大豆肉是素肉的一種，以大豆（黃豆）的植物性蛋白質取代動物性蛋白質，經過調味後，做出口感近似肉類的食品。過去素肉的目標族群是不吃動物性食品的純素者與素食者，但最近需求量大增，關鍵在於大豆肉的「永續性」。

永續是環保運動常見的詞彙，與SDGs的第一個字母S（Sustainable）一樣，帶有「能長期保持」的意思。事實上，生產一公斤牛肉需要兩萬倍的水；製作一片牛肉漢堡排，需耗費一公斤以上的穀物。不過，若換成大豆肉，只需一公克黃豆即可。換句話說，大豆肉

食物小故事

「田裡的肉」看黃豆大展身手！

豆腐和味噌已經證明了黃豆的變身能力，但各位一定沒想過，黃豆變成肋排或炒蛋。黃豆富含蛋白質，德國人稱之為「田裡的肉」。1873 年日本在維也納世界博覽會介紹黃豆，讓全球看到黃豆的營養價值，才有了這樣的美譽。

▲販售大豆肉的 NEXT MEATS 株式會社，將黃豆做的肉餅、肋排與側腹橫肌牛排銷往大型超市，提供一般民眾購買。

◀「HOBOTAMA（意思是幾乎是雞蛋）」的外觀和口感都很像炒蛋，不過它是黃豆做的，屬於素食。日本食品大廠丘比為餐廳和營養午餐而開發販售，對雞蛋過敏的人也能食用。

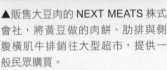

對環境的影響較少，是可持續到未來的食品。從熱量來比較，大豆肉比真肉減少兩成五到一半的卡路里。

如今歐美食物普及於亞洲和非洲，牛肉和豬肉的消費量暴增。若家畜和飼料生產趕不上消費速度，未來很可能面臨糧食不足的窘境。為了解決糧食危機，各界對於素肉抱持高度期待。

日本是黃豆的寶庫，也很擅長製作蟹肉棒這類幾可亂真的加工食品。未來日本一定可以將大豆肉做得更美味，成為大眾熟悉的家常菜。

一個 3300 萬日圓？
全球第一片培植肉漢堡排

▲2013 年在倫敦舉辦試吃會的全球第一片培植肉漢堡排。培植肉是荷蘭馬斯垂克大學研發出來的，將鹽、蛋、麵包粉等拌入培植肉，再染成紅色，就能做出外觀和口感與真肉一模一樣的漢堡排。總花費超過 25 萬歐元（以當時匯率換算約為 3300 萬日圓）。

影像來源／World Economic Forum via Wikimedia Commons

帶有科幻感的新食品「培植肉」

究竟是植物肉還是真肉？現在又出現了一種令人摸不著頭緒的肉，稱為「培植肉」。

培植肉指的是從牛等家畜取得真的細胞，再以人工方式培養的肉類。二〇一三年，荷蘭的大學率先開發出培植肉。由於不需要殺害家畜，對環境影響較少，因此培植肉又稱為「乾淨肉」。

目前全世界都有正在開發培植肉的公司，日本東京大學在二〇一九年與日清食品，一起製作出口感近似真肉的骰子狀培植肉。此外，也有公司開發出全球首創的人造肥肝，最近開始出貨給餐廳。

在無菌實驗室中，還有許多正在培養槽中培植的「肉類」，科幻小說般的未來糧食即將成真。

食用蟋蟀備受矚目的原因

昆蟲有助於解決糧食不足和肉類引起的種種危機。

為了尋找未來能夠運用的食材，聯合國糧食及農業組織在二〇一三年提出食用昆蟲作為解決方案。飼養昆蟲無須耗費大量飼料，比起打嗝的牛隻，溫室效應氣體的排放量也較少。再加上養育期較短，營養價值高等因素，都是食用昆蟲受到注目的原因之一。

亞洲、非洲與南美洲自古就有吃昆蟲的習慣，當地人吃昆蟲並不是因為沒有其他食物可吃，而是昆蟲很好吃。全世界有超過一千九百種可食用的昆蟲，包括甲蟲、毛毛蟲、蚱蜢、蟬等。日本人也吃蝗蟲、蜜蜂幼蟲以及水生昆蟲的幼蟲，長野縣和群馬縣都有以醬油、砂糖和水慢慢熬煮而成的昆蟲佃煮料理，是當地十分知名的家常菜。

即使是傳統上不吃昆蟲的國家，也在收到聯合國的報告後，加快研究腳步。歐盟則是從二〇一八年開放食用昆蟲進口。

蟋蟀是現在最受注目的食用昆蟲，其營養比例與豬肉相同，飼養也很簡單，只要三十五天左右就能長為成蟲。蟋蟀是雜食性昆蟲，只要餵剩餘食物即可，有助於解決剩食問題。

話說回來，還是有許多人不敢吃昆蟲。將蟋蟀磨成粉再拌入食材裡，或許可以突破心理障礙，因此日本已經出現利用蟋蟀粉做成的麵包或拉麵。

蟋蟀有營養嗎？

以每100g的蛋白質含量來比較……

- 蟋蟀…60g
- 雞肉…23.3g
- 豬肉…22.1g
- 牛肉…21.2g

※ 圖片引自販售蟋蟀仙貝的「無印良品」網站

▲▶無印良品的「蟋蟀仙貝」（良品計畫株式會社）。這是無印良品與源自於德島大學的新創公司共同開發的商品，吃起來和蝦子仙貝一樣美味。

▼敷島製麵包株式會社（Pasco）推出「Korogi Cafe」系列。販售以食用蟋蟀粉製成的「蟋蟀費南雪」與「蟋蟀法國麵包」等商品。

※「蟋蟀法國麵包」現已停止販售。

在模型庭園中採松茸

我去過種滿松茸的山上喔！
可以採到過癮，吃到過癮。
做成土瓶蒸、烤松茸和松茸飯，還有煮湯……
因為是現採的，所以香味和口感都好極了。
那天我吃的好飽喔！
如果你們也有去就好了。
不過那個很貴，你們付不起。
哈哈哈哈哈哈哈！
每次都聽那傢伙臭屁，
真讓人生氣又羨慕。
去拜託哆啦A夢……
不過，就算是哆啦A夢的四次元口袋，也不可能塞得進松茸山吧！
……
……
怎麼一副苦瓜臉？
沒什麼啦！
喔，好。

糧食未來生長罐Q&A

Q 紅點鮭、櫻鱒等棲息在溪流的天然魚類十分珍貴，請問人類必須遵守什麼規定？

我朋友說他釣到這麼大條的紅點鮭魚。
他說這證明他釣魚技術比我強，我想反駁就得釣到類似成果。
我如果也去釣的話，哪會釣不到！
都是因為太忙了，才不能去釣魚的啊。
這附近就有釣魚池啊。
我知道，
可是紅點鮭魚得在深山裡的溪流才釣得到啊！
我有深山裡的溪流！
庭園盆景系列「急流山」。

A 禁漁期間。基本上每年十月到隔年二月禁止釣魚，讓魚類自然繁殖。即使是可以釣魚的期間，也要避免過量垂釣或汙染水源。

這個模型庭園能幹什麼啊？
聽我解釋。
把開關打開，讓水循環流動……
就會變成山谷河流。
再倒進「瞬間成長袖珍型溪流魚卵」。
差不多長大了……
接下來，準備釣魚吧！
「縮小燈」。
哇啊～
有好多魚喔！

糧食未來生長罐Q&A

Q 有「清流女王」之稱的溪魚是哪一個？①香魚 ②虹鱒 ③鰻魚

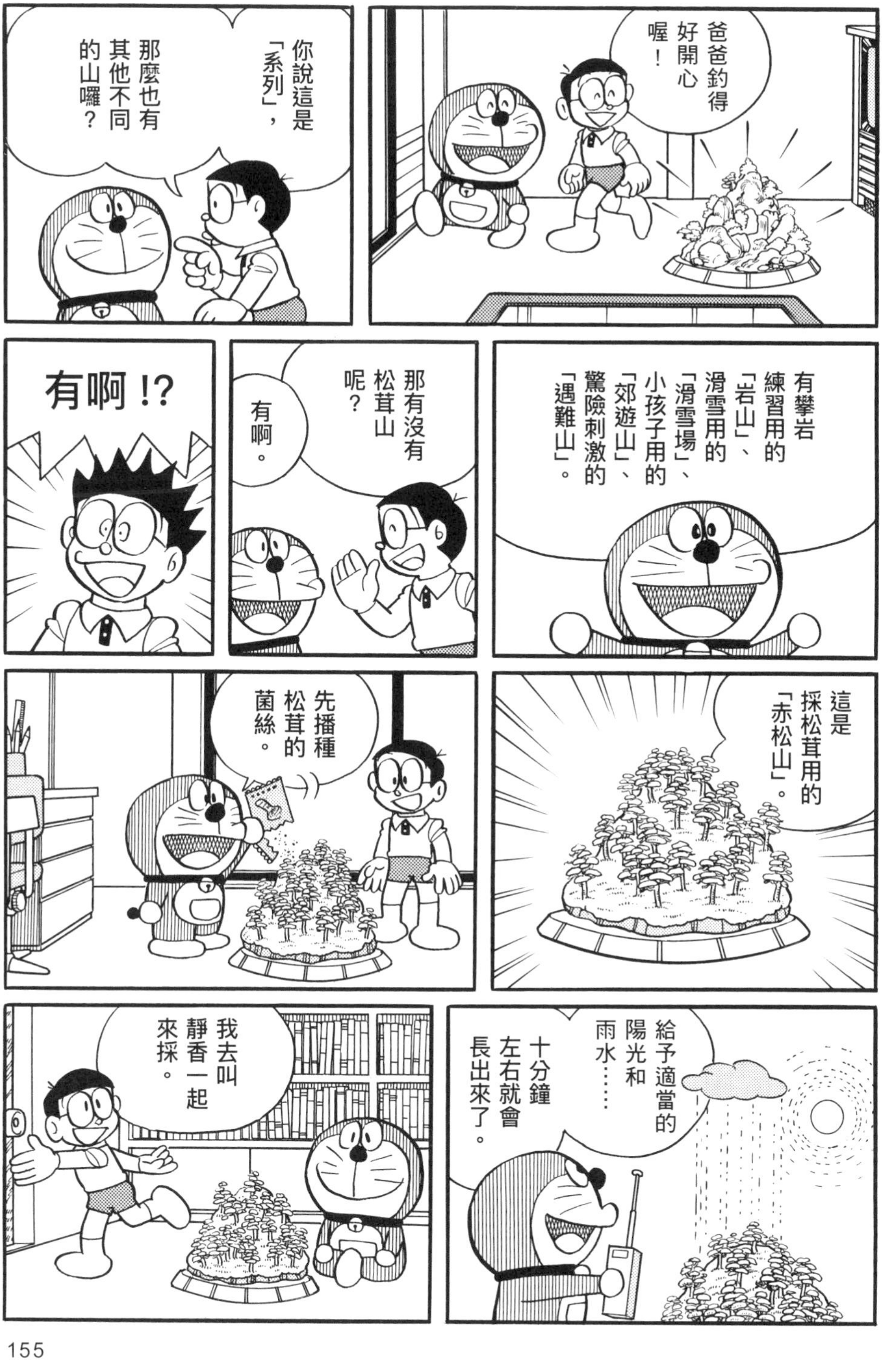
爸爸釣得好開心喔！
你說這是「系列」，那麼也有其他不同的山囉？
有攀岩練習用的「岩山」、滑雪用的「滑雪場」、小孩子用的「郊遊山」、驚險刺激的「遇難山」。
那有沒有松茸山呢？
有啊。
有啊！？
這是採松茸用的「赤松山」。
先播種松茸的菌絲。
給予適當的陽光和雨水……
十分鐘左右就會長出來了。
我去叫靜香一起來採。

A ① 香魚的身上閃耀著金色和銀色光芒，喜好乾淨的水質。由於身上飄散著類似西瓜的清淡香氣，因此稱為「香魚」。

可以盡情的採松茸和吃松茸喔。
騙人！
總之，你跟我過來看。
那麼立刻出發吧……
哇啊！
太棒了!!
好大的松茸喔！
到處都是松茸。
好多好茂盛喔！

糧食未來生長罐Q&A

Q 松茸生產量最多的是日本哪個縣？①櫪木縣②長野縣③福岡縣

A ②長野縣與岩手縣境內的山上有赤松林，長著許多松茸。由於赤松數量逐漸減少，國際自然保護聯盟將松茸列入瀕危物種。

這個香味!!
這種口感!!
好好吃喔。
剩的趕快拿回家，讓媽媽嚇一大跳。
爸爸應該也釣到不少吧。
生平第一次釣到這麼多魚耶！
不～這是在作夢！我絕對不相信!!

儲存19萬顆種子的分配庫

▲這是「分配庫」，是「基因銀行」的種子儲存庫之一。保存 40 萬個遺傳資源，現在有一半埋在土裡。為了保持溫度和溼度，工作人員不可進入儲存庫，必須透過電腦操作，存取裡面放著種子瓶的容器。分配庫的結構十分堅固，遇到停電也能自主發電三天。

邁向未來的「基因銀行」

種子的遺傳資源一旦失去就無法挽回，將永遠消失在地球上。為了避免這個狀況，現在有「基因銀行」保存國內外的種子。

保管遺傳資源的大型儲藏庫

每種植物的果實含有的種子數量各有不同，例如桃子一顆、蘋果五顆、西瓜有數百顆。植物為了繁衍後代，發展出適宜的種子形狀和數量。對人類來說，種子是很重要的遺傳資源。不只提供我們糧食，也是保護地球環境的重要功臣。

日本農研機構設有半永久性保存種子的設施，名為「農業生物資源基因銀行」。包括茨城縣筑波市的中央銀行與各地的分行在內，總共保存了大約二十三萬件植物資源、大約三萬五千件微生物資源，以及兩千件左右的動物資源。種子儲存庫的空間很大，預估再二、三十年也不會放滿。

老種子帶有連結未來的可能性！

在長達數千年的農業歷史中，人類改良了各種作物和家畜的品種，使社會逐漸發展。新品種的優點包括「美味」、「果實較大」與「容易栽種」，但事實上，存在已久的老種子是未來最需要的。

▲「農業生物資源基因銀行」設有永久儲存庫等設施。

原生種和野生種不乏可以在惡劣環境生長的特性，它們大多可在荒地成長或抗病性強。受到都市化影響，大自然逐年減少，地球暖化越來越嚴重，氣候變遷導致豪大雨和森林野火頻傳，現在可說是不利於植物生長的環境。許多研究人員利用自古以來的老種子，努力開發強健的新品種。

話說回來，若自然環境持續遭到破壞，好不容易倖存的野生種和原生種就會消失。日本農研機構派員造訪離島與開發程度較低的農村，採集存在已久的種子，並將其細心保存在「基因銀行」裡。

種子是生命起源，一旦失去就無法挽回。趁現在盡可能收集各式各樣的遺傳資源，創造未來的生命。

世界各國都有保護遺傳資源的措施

海外也有保存遺傳資源的基因銀行，美國、印度、俄羅斯都保存許多資源，日本位居第六名。北極還有一座由知名企業家比爾・蓋茲提供資金興建的「斯瓦爾巴全球種子庫」。

世界各地建造基因銀行的原因，不只是保護各式各樣的遺傳資源，也是為了保護有許多作物原種和原生種的國家。我們現在吃的作物，大多來自熱帶或亞熱帶地區的開發中國家。先進國家必須齊心協力，共同保護留存在作物家鄉的珍貴種子。日本也派員前往越南和寮國採集種子，同時傳授最新的農業技術，感謝對方的協助。

在海外探索遺傳資源！

日本的研究人員主要在東南亞探索自古以來的種子。從路邊雜草到菜攤販售的農作物，鉅細靡遺的奔走調查。當地的南瓜和小黃瓜，無論形狀和大小都與日本不同，很可能帶有與品種改良蔬菜不同的特性。

▲根據國際規定，在海外尋找遺傳資源時，必須與該國的研究人員合作。日本傳授最新技術，協助完成探索任務。

▼在越南的菜攤收集小黃瓜。

◀在寮國的農村收集茄子。

日本極度缺乏遺傳資源？

稻米的原產地是中國南部、寮國、泰國等國的山岳地帶。草莓的原產地是南美洲的智利、胡蘿蔔的原產地是中東的阿富汗一帶。

提到日本原產的農作物……大概只有山葵、日本薯蕷（山藥）和柿子而已。

遇到緊急狀況時，缺乏遺傳資源將成一大致命傷，因此日本農研機構的「基因銀行」派遣「探索隊」前往海內外，探索並收集遺傳資源。每年存入銀行的新資源超過一千件。

探索隊在日本國內積極收集黃豆與豇豆（類似紅豆的豆子）等野生種，找出野生種原有的特性，補足現在栽培品種失去的特性。海外的探索據點以越南、寮國、柬埔寨等東南亞國家為主。

收集完種子後，在取得該國同意並確認收集到的種子沒有疾病，便可將種子帶回日本。充實「基因銀行」保存的珍貴種子，仔細分析這些種子具有哪些特性，最後將種子與相關數據放在一起永久保存。

利用發芽實驗檢測種子的生命力

種子是活的，如果不是活的，就不可能利用或使其復活。因此在保存種子之前，必須經過嚴密的檢查。

「基因銀行」保存了十九萬件分配用的遺傳資源，每隔五年會進行一次發芽實驗。確認種子是否發芽，若發芽力低於八成，就會將永久儲存庫的「原原種」種在田裡，重新繁殖，再次確認其特性。每年要換新五千件遺傳資源，據說「基因銀行」的種子發芽率和品質是世界第一。

順帶一提，各種作物種子在分配庫中維持良好狀態的保存期間不同，洋蔥的種子可以保存超過一百年，黃豆為五到十年，牧草不到十年。

嚴密保存與管理的遺傳資源，依需求分配至國內外的研究機關、大學和種苗公司，讓這些機構進行品種改良的相關研究。根據國際規定，嚴格禁止外國人任意收集當地

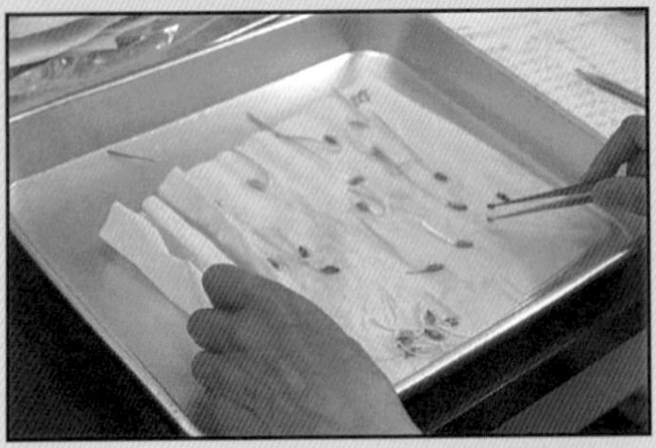

▲每年進行 35,000 顆種子的發芽實驗，確保種子的發芽能力。

▲透過電腦操作從分配庫存取種子瓶，工作人員在另一間辦公室等待，就能拿到自動運送過來的種子瓶。

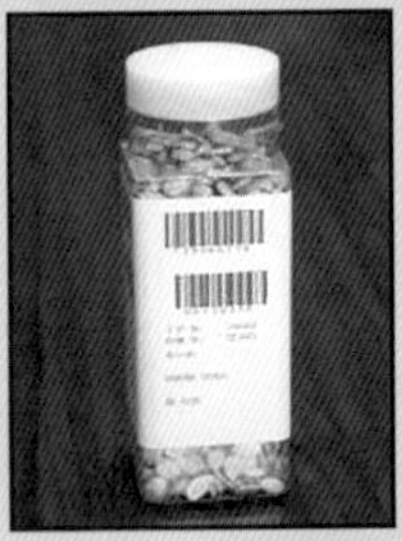

◀ 種子瓶。

▲透過目視檢查保存的種子，剔除受傷的種子，放入專用瓶。

由高速機器人管理的永久儲存庫

長期保存用的永久儲存庫維持溫度-18℃、溼度30%的環境，現在儲存的「原原種」共有16萬顆。由於種子密封在鋁罐裡，稻種可以保存100年。利用條碼管理罐子，只要在電腦輸入必要的種子編號，揀選機器人就會開始拿取，速度高達每秒3公尺。

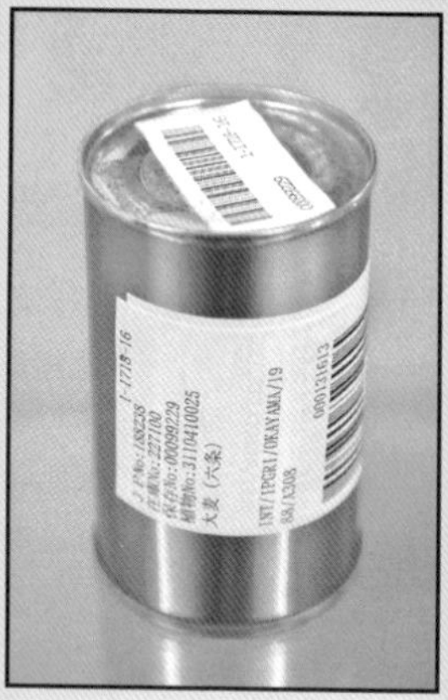

的植物品種，「基因銀行」是不可欠缺的機構。

瀕臨滅絕的蔬菜和米也能重新復活！

基因銀行的英文是「Gene Bank」。基因銀行不僅保存種子，還能運用種子。用來交配出新品種，或讓古老種子發芽，種出傳統蔬菜。

舉例來說，「雜司谷茄子」是江戶時代種植於江戶町雜司谷的茄子品種。試圖讓東京傳統蔬菜重生的團體，獲得基因銀行提供的種子，實現讓傳統蔬菜重生的目標。不僅如此，茨城縣的釀酒公司也成功種活了明治時代的米，釀造成日本酒販售。基因銀行也將消失超過六十年的酒米稻種分配給當地農家，與農家共同合作，重新種植。

基因銀行屬於日本官方機構，任何人都能申請分配種子，公布相關的遺傳資源。

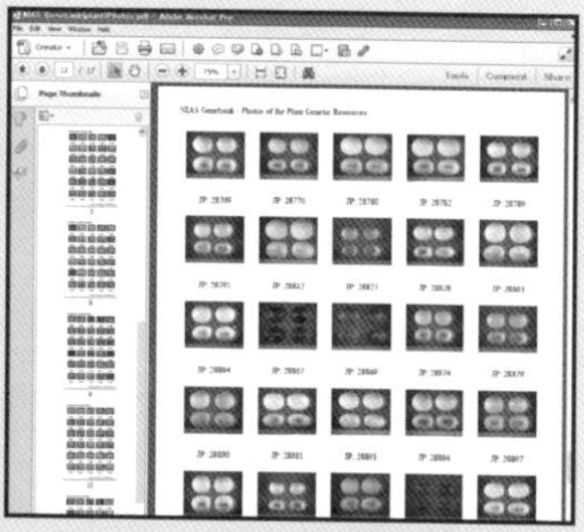

▲分配種子需輸入必要特性，縮小範圍後才能提出申請（下方為黃豆的檢索畫面）。稻子50粒、哈密瓜10粒、草莓3株等，手續費各為570日圓。

保護的不只是食物

保存在日本「基因銀行」的遺傳資源，曾經幫助一個國家保護了重要的國家文化。

紐西蘭原住民族毛利族以「庫馬拉」（毛利語的番薯）為主食，還舉行祭典，向神祇供奉庫馬拉。可惜十九世紀後，大量歐洲人移居紐西蘭，導致毛利文化逐漸式微，庫馬拉也跟著消失。

一九八〇年代，紐西蘭出現了保護原住民歷史與傳統的活動，毛利族的飲食文化開始受到重視。不料，紐西蘭竟然沒有庫馬拉！後來得知遙遠的日本在「基因銀行」保存了庫馬拉的遺傳資源，終於在一九八八年讓庫馬拉重返祖國。

「基因銀行」不只有助於解決日本的糧食危機，對於保護世界文化也做出了極大的貢獻。

芋薯類很難保存！

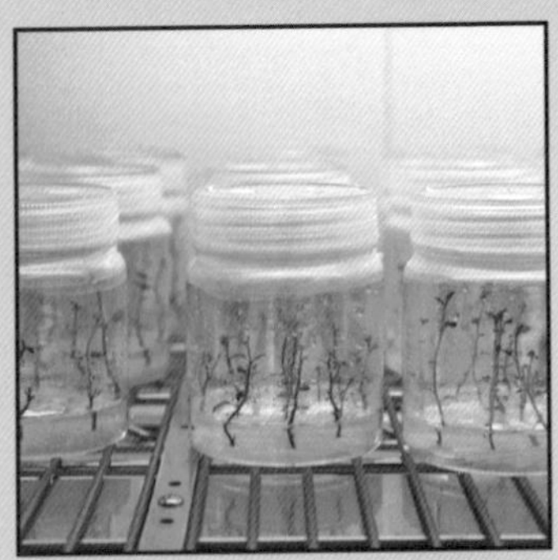

馬鈴薯等以塊莖繁殖的植物，無法保存種子。日本農研機構每年栽種大約2000顆馬鈴薯進行保存。

「基因銀行」設置了專門保存馬鈴薯的設施。在實驗室中培育馬鈴薯的嫩芽（上方照片）後，剪下前端（生長點），以液態氮超低溫保存（下方照片）。

為了一百年、一千年之後的人類

「基因銀行」歡迎一般民眾前往參觀。各位可以參觀大型的種子分配庫，不少學者特地前往，了解其中究竟有多少種子發揮效用。

不過，有多少種子可以發揮效用？現在的我們無法得知這個問題的答案。包括種子在內的所有遺傳資源，都是為了緊急時刻和未來的人類而準備。

哆啦A夢來自於二十二世紀，「基因銀行」保存的種子豐富多樣，不只是為了二十二世紀的人類，也是為了生活於更遙遠未來的後代子孫，讓他們擁有更幸福的人生。

樹寶，再見！

有顆星球令我很在意。
在銀河系邊緣，小小太陽系裡的第三行星……
就是它。這個星球的綠色……也就是植物，似乎正在逐漸減少。
尤其是最近，減少的情況日益嚴重。比方說……
這是一部分的放大照片，大地一片青蔥翠綠。
這是百年前的紀錄，
相同的地方，如今……

糧食未來生長罐Q&A

Q 日本人每年一月七日會吃「七草粥」祈求無病無災。七草粥用的「春天七草」是哪些？

如您所看到的。
嗯……問題的確十分嚴重。
馬上派遣調查隊。
依據調查的結果，採取適當手段。
聽說又要蓋房子了。
後山也逐漸在改變。
大雄很喜歡後山對吧？
嗯。
在山裡面享受森林浴，讓人心情很安穩。

A 芹菜、薺、御形（母子草）、繁縷（雞腸草）、寶蓋草（接骨草）、蔓菁（蕪菁）及蘿蔔葉（白蘿蔔）。

Q 包覆「柏餅」的槲櫟葉（殼斗科）具有什麼意義？

揀橡果啊！摘木莓啊……
以後就沒辦法做這些事了。
一顆樹寶寶。
如果平安長大，就能長成大樹、活上幾百年……
馬上就要被挖掉了。
這裡怎麼樣？
不錯啊，日照很充裕。
院子這麼窄，不要再種樹了!!
那麼，這棵樹怎麼辦啊？

※嘩啦嘩啦
不要種就好啦。
「植物搬家水」。
※咻
可以自由行動了。
這樣就不會佔空間啦。
名字就叫樹寶吧！
房間有綠意真好。
不用餵他吃東西嗎？
將肥料倒入水中攪拌、溶解後……
不論何時都能飲用。

A 子孫滿堂。槲櫟的老葉子會等到長出新芽才掉落，帶有世代相傳的意象。柏餅是兒童節吃的傳統食物。

樹寶，你看得懂漫畫？
那個藥也具備思考能力。
只要教他，什麼都能記起來。
好！我唸漫畫給你聽，你要記起來喔。
好像多了個弟弟。
作業寫完了嗎!?
還不快去寫作業!!

糧食未來生長罐Q&A

Q 繩文時代的人們將某種魚的皮做成衣服和鞋子。請問是哪一種魚？

咦……樹寶你對讀書有興趣啊？
搞不好以後會比大雄聰明呢。
我養了一棵樹當寵物，叫作「樹寶」。
還幫他取名字呢。
真是個怪胎。
很適合大雄啊，哈哈哈。
我回來了！
嘰、嘰！
在等我回來啊。
大雄不在，所以他很寂寞。
乖乖。
我來唸漫畫吧！

A 鮭魚。東北地方和北海道自古就將鮭魚視為重要的營養來源，連魚皮也充分使用，毫不浪費。

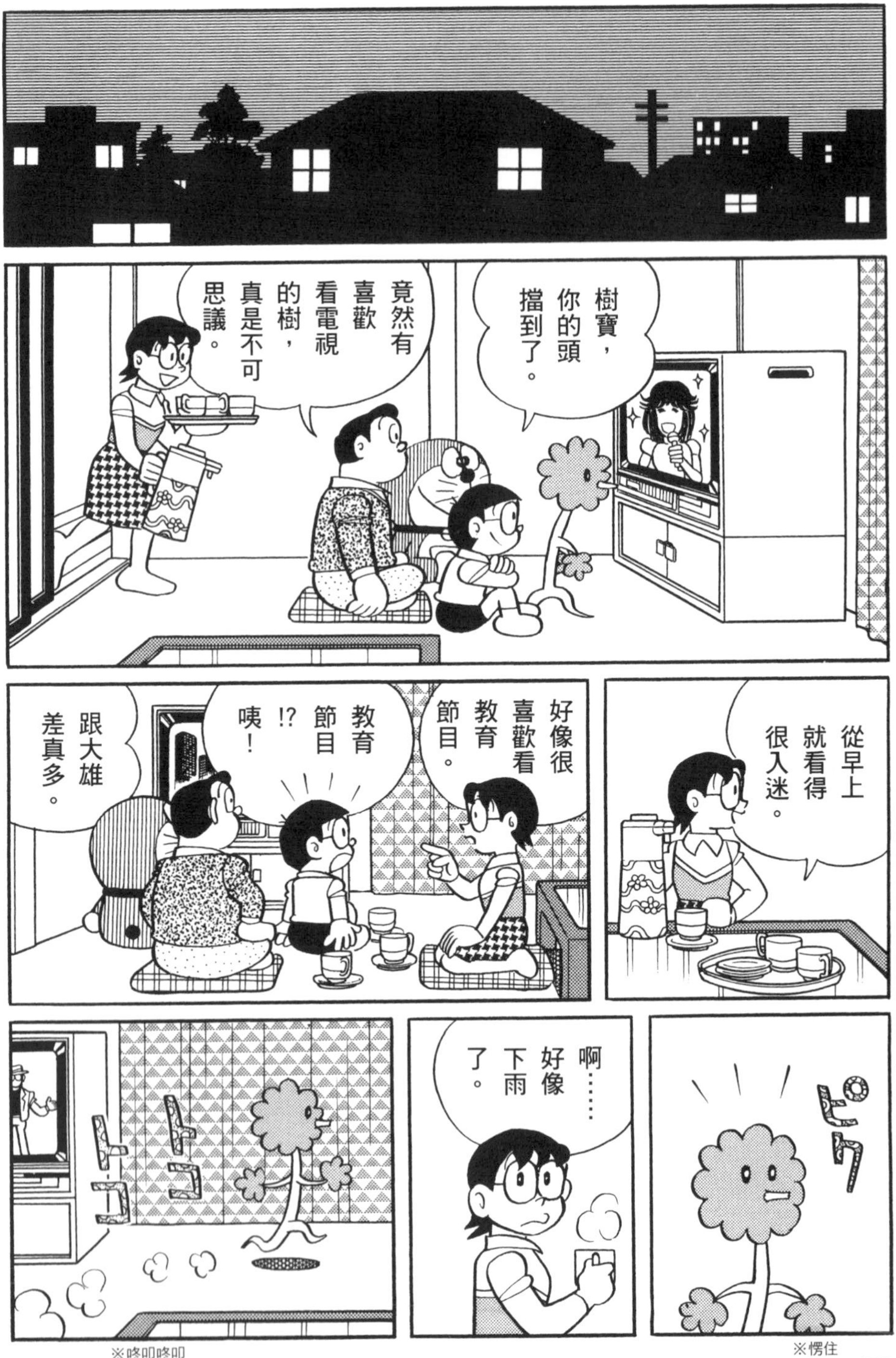
樹寶，你的頭擋到了。
竟然有喜歡看電視的樹，真是不可思議。
從早上就看得很入迷。
好像很喜歡看教育節目。
教育節目!?
咦！
跟大雄差真多。
ピク
※愣住
啊……好像下雨了。
トコトコ
※咚叩咚叩

糧食未來生長罐 Q&A

Q 德川家康的主食不是白米。請問是什麼？①麵（小麥）②蕎麥麵 ③麥飯

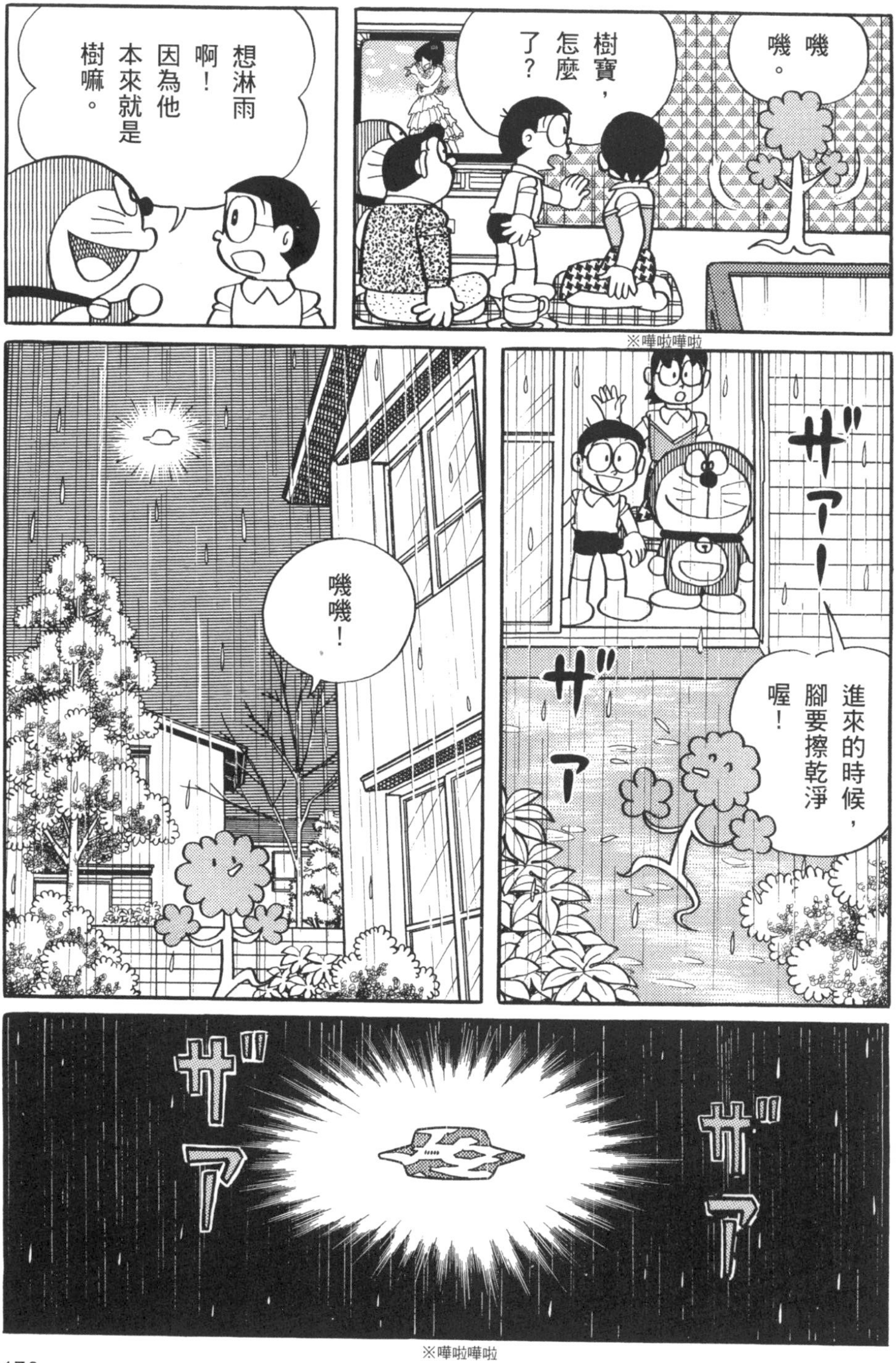
嘰嘰。
樹寶，怎麼了？
想淋雨啊！因為他本來就是樹嘛。
ザアー
進來的時候，腳要擦乾淨喔！
ザア
※嘩啦嘩啦
嘰嘰！
ザア
ザア
※嘩啦嘩啦

A ③德川家康當上將軍後還是吃簡單的麥飯，外界認為這是他活到七十三歲的長壽祕密（江戶初期的平均壽命約四十歲）。

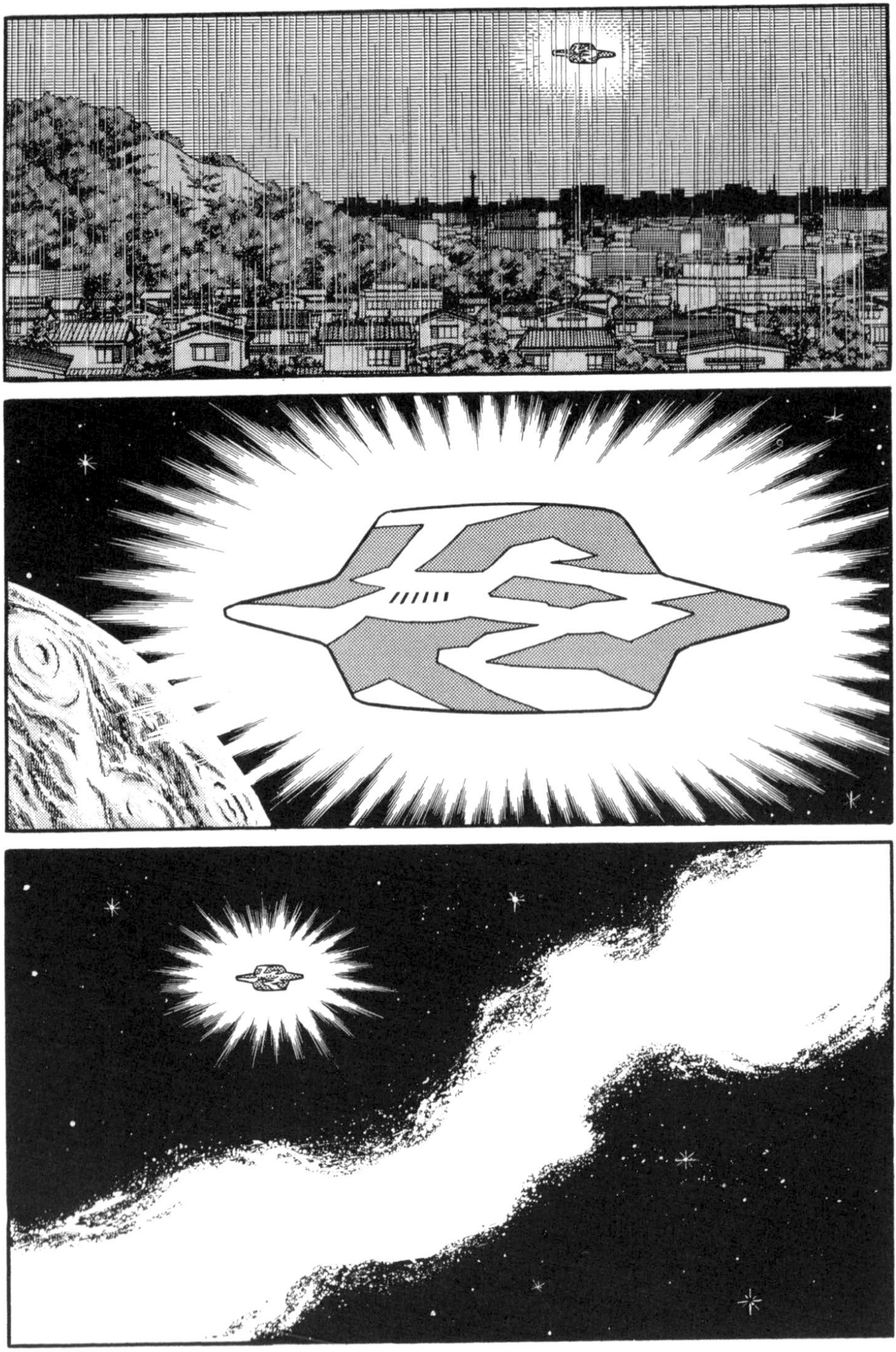

糧食未來生長罐Q&A

Q

有「水戸黃門」之稱的水戸藩主德川光圀最喜歡吃什麼？

①長崎蛋糕

②拉麵

③牛肉蓋飯

A ②據傳德川光圀向中國學者學習拉麵做法，自己煮來吃。麵條裡還加了蓮藕粉。

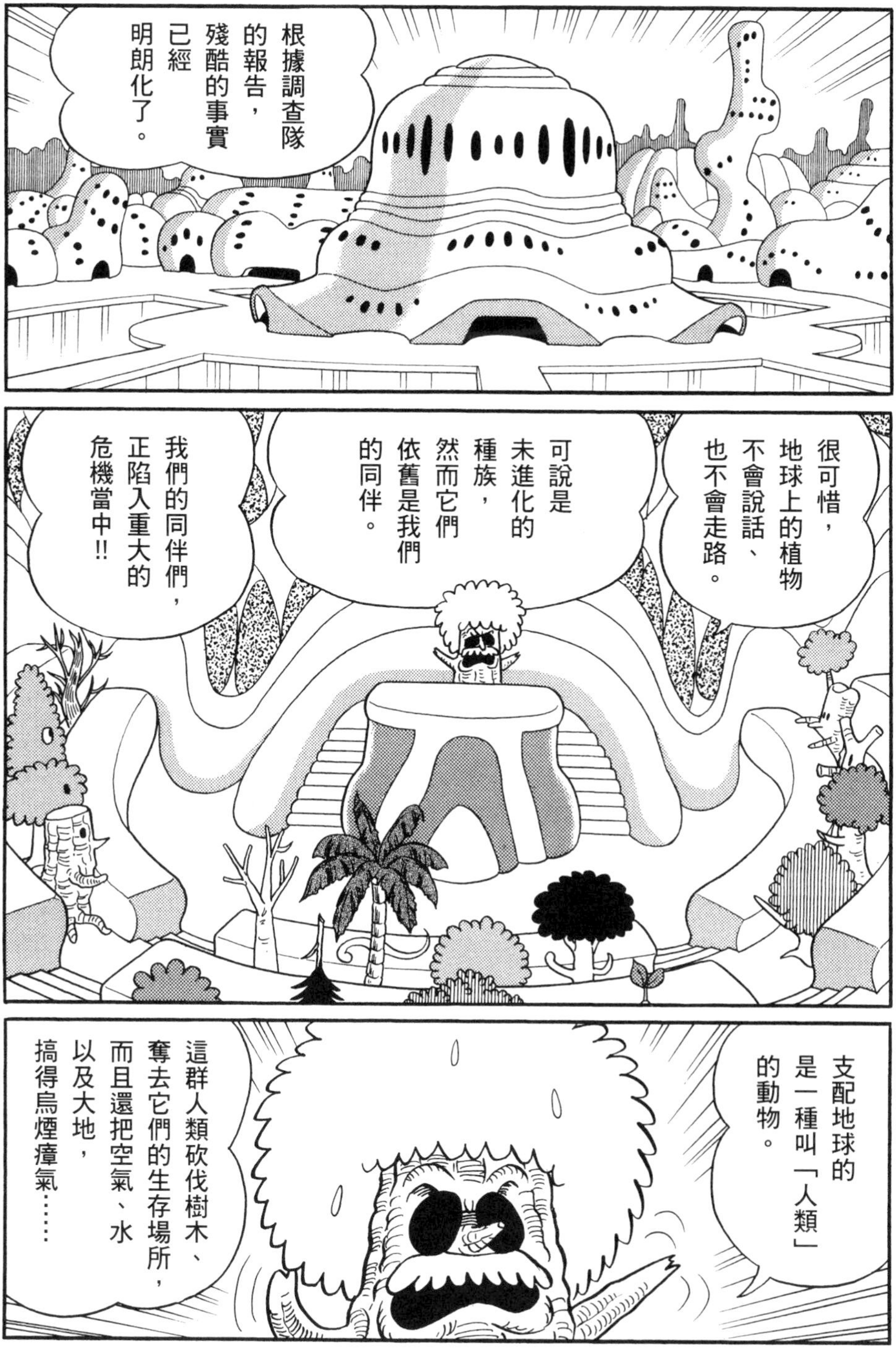
根據調查隊的報告，殘酷的事實已經明朗化了。
很可惜，地球上的植物不會說話、也不會走路。
可說是未進化的種族，然而它們依舊是我們的同伴。
我們的同伴們，正陷入重大的危機當中!!
支配地球的是一種叫「人類」的動物。
這群人類砍伐樹木、奪去它們的生存場所，而且還把空氣、水以及大地，搞得烏煙瘴氣……

Q 日本年糕的形狀東西有別，「東日本為方形，西日本為圓形」。為什麼東日本是方形的呢？

再這樣下去……
地球上的植物恐怕有滅亡之虞……
太野蠻了！
我們同樣是植物，不可棄同伴於不顧。
得趕快伸出援手!!
讓全地球的植物移居他處。
先等一下。
其中有一個問題。
以人類為首的動物們，都必須呼吸植物吐出的氧氣生存。
如果帶走所有植物，人類與動物只有死路一條。
那又是誰在消滅如此寶貴的植物呢!?
拯救地球的植物!!
不必幫人類考慮後果！

A 因為容易運送。江戶地區習慣將年糕擀平後再切，這項飲食文化隱藏著「打倒敵人」之意。

樹寶最近看漫畫看膩了，
還自己從爸爸的書櫃裡，拿出深奧的書來看。
早上的報紙呢……
樹寶拿到二樓去了。
看完要放回原位喔。
讀書很好，但也要多晒晒太陽喔。

盡情享受日光浴，長成一顆高大的樹吧！
對了，帶樹寶回到他出生的後山吧！
開心得手舞足蹈。
這附近的草木都是他的朋友啊。
可是……這裡也將變成住宅區了。
樹木、花草都會遭砍伐、挖掘……
沒辦法救他們嗎？
怎麼可能啊？
這麼多怎麼救啊？
嘰、嘰！

糧食未來生長罐Q&A

Q 日本第一個提供營養午餐的是哪個都道府縣？①東京都 ②京都府 ③山形縣

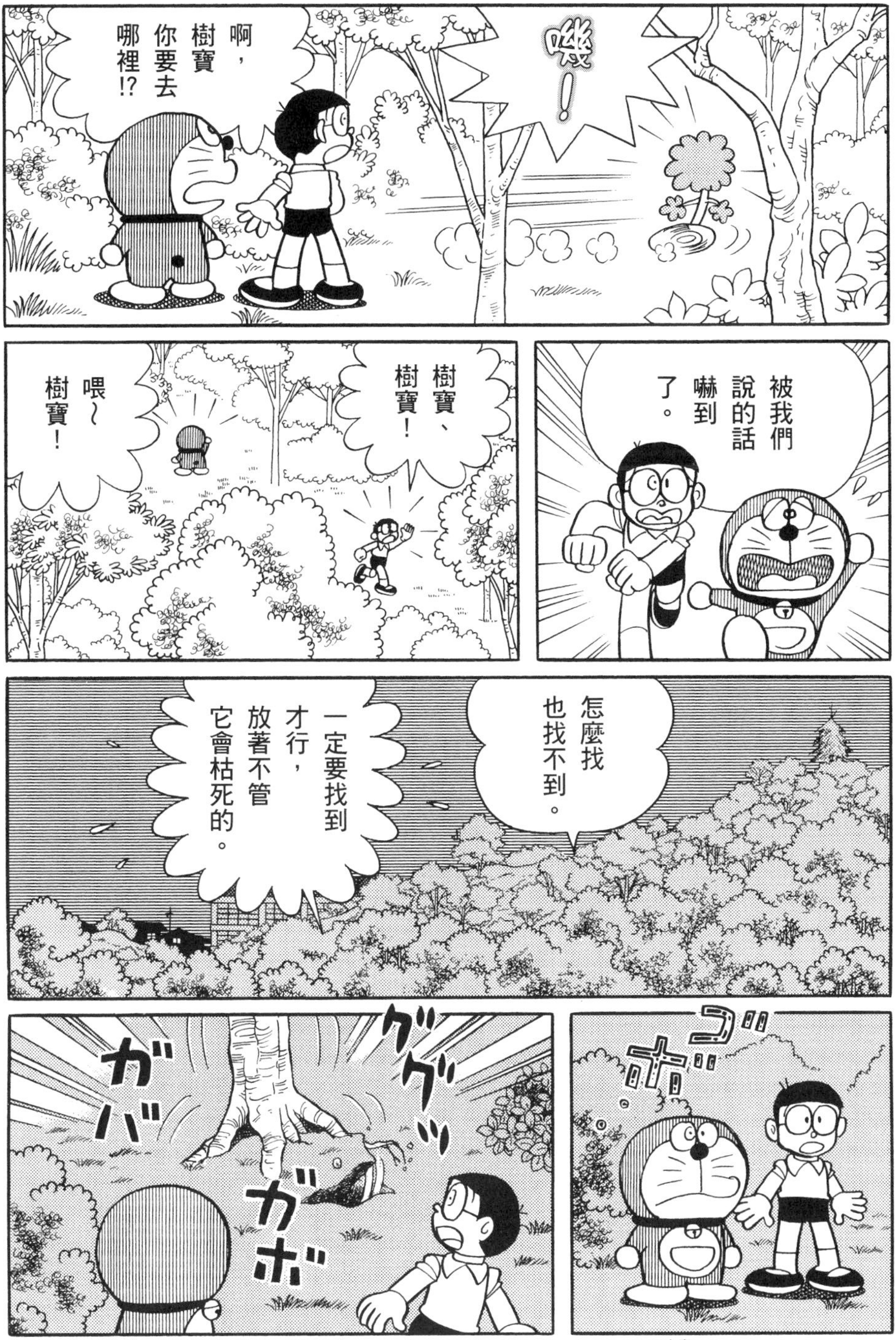

※叩啪、喀轟、嘎嘎

※咚轟

A ③一八八九年，位於山形縣鶴岡町（現為鶴岡市）寺廟裡的小學率先提供營養午餐，菜色為飯糰、烤鮭魚和醬菜。

糧食未來生長罐Q&A

Q

「漢堡排」的英文 hamburger 是取自哪個國家的地名？

A 德國。十八世紀德國漢堡市（hamburg）出現將牛絞肉和麵包粉攪拌塑形後煎成的料理，後來普及於世界各地，因此得名。

什麼嘛~是誰連人類都收容進來的!?
一時疏忽，想不到那種時間跟地點，居然還有人類在……
哇——是樹妖!
那不是妖怪，是植物型外星人。
你們有什麼企圖?趕快放我們回地面上!!
辦不到!我們不想讓其他人類知道我們的計畫。
要搬運地球上所有的植物，得花上不少時間。
地球的植物!?

糧食未來生長罐Q&A

Q 十九世紀因為進口哪項食品導致英國與中國開戰?

A 茶。愛好紅茶的英國向清朝（中國）購買大量茶葉，並將鴉片（毒品）賣入中國，因此引發戰爭。

拜託你！
沒有植物，地球會成為死寂的星球。
是你們人類不好!!
放著不管，植物也會在你們手上滅亡。再說，距離那一天也不遠了。
你錯了。
是誰？還有人類嗎!?
チャポ…
チャポ…

※刷、刷

糧食未來生長罐 Q&A

Q 在海綿蛋糕表面擠上大量奶油的「奶油蛋糕」誕生於日本哪個時代？

A 大正時代。「不二家」的創始人藤井林右衛門從西式甜點獲得靈感，發明了奶油蛋糕。

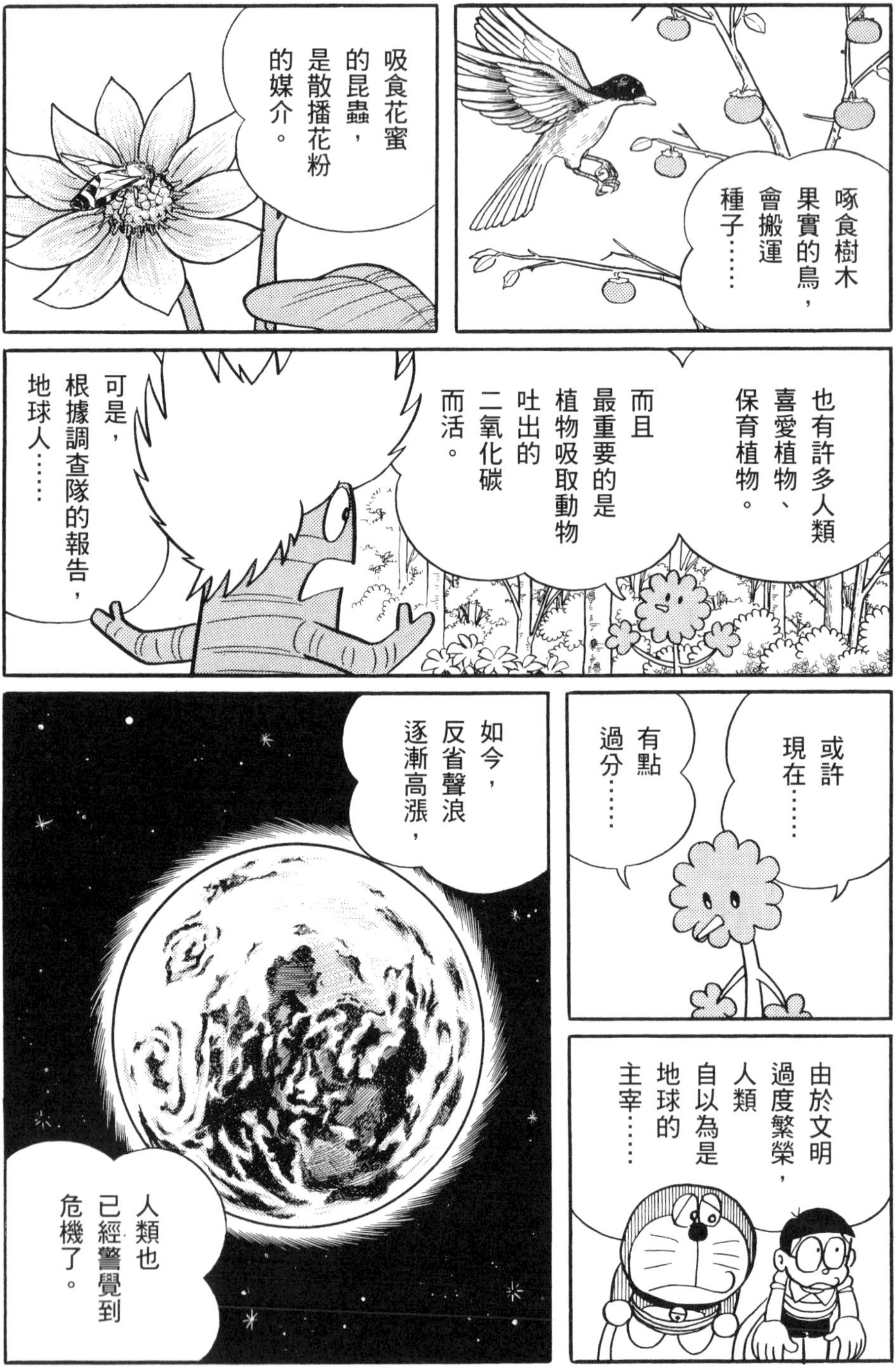
啄食樹木果實的鳥，會搬運種子……
吸食花蜜的昆蟲，是散播花粉的媒介。
也有許多人類喜愛植物、保育植物。
而且最重要的是植物吸取動物吐出的二氧化碳而活。
可是，根據調查隊的報告，地球人……
或許現在……
有點過分……
由於文明過度繁榮，人類自以為是地球的主宰……
如今，反省聲浪逐漸高漲，
人類也已經警覺到危機了。

糧食未來生長罐Q&A

Q 泡芙的法文是「chou à la crème」，「chou」指的是哪種蔬菜？

A 高麗菜。chou是法文的高麗菜。由於泡芙皮的形狀很像高麗菜，因此得名。

再多給他們一些時間。
人類一定可以重新恢復美麗的大自然。
可是……
我們得到的命令是……
ピタ
パチ
パチ
パチ
他在做什麼？
跟故鄉的星球聯絡吧！
用心電感應之類的。

※定住

※啪唧、啪唧、啪唧

我知道了，我們也不想隨便殺死地球上的動物。
我們取消計畫撤退。
可是百年之後……
如果地球比現在更加荒廢……
我們會再回來的！
嗯，我知道了。
哇啊，回來囉！
地球！還是原本的地球!!
那麼……
分離的時刻到了。
咦……？

糧食未來生長罐Q&A

Q 作曲家貝多芬最愛吃什麼食物？①起司通心麵 ②三明治 ③漢堡

我想前往宇宙，去看看進化的植物文明。
離別真令人難過……
謝謝你的照顧。
我也是。
多虧有你拯救了地球。
再見了，樹寶。
再見！
這麼晚才回來……
到哪裡鬼混了!?
媽媽都不知道地球剛剛差點就毀滅了呢！

A ①據說貝多芬的肖像畫之所以看起來很生氣，是因為畫肖像畫的那一天，通心麵上的起司不夠多，讓他吃得很不開心。

結語

「紅豆餡」是許多日式點心的主角，哆啦A夢最喜歡的銅鑼燒也是其中之一。紅豆餡是由紅豆做成的，世界各地都有各種不同的豆類料理，但將紅豆煮成甜的，再磨成餡的做法是日本獨創。紅豆餡起源於日本平安時代，陸續傳入中國和亞洲國家。

紅豆可說是代表日本的豆類，日本農研機構的「基因銀行」可以看到紅豆的野生種。野生紅豆的大小只有現代紅豆的一半。由此可知，我們的祖先花了許多時間心力，才將紅豆培育成現在的模樣。日本人不只吃紅豆，也將紅豆供奉給神明，或是做成抓子遊戲的小豆袋、暖暖包等，紅豆與日本人的生活息息相關。

非洲和中美洲吃的是與紅豆很像的豇豆。由於豇豆久煮不爛，日本從江戶時代開始就以豇豆取代紅豆，做成紅豆飯或紅豆餡。

▲左邊是紅豆的野生種，右邊是顆粒較大的紅豆品種「京都大納言」。大納言常用來做成日式點心。

「基因銀行」提供了一張尋找豇豆野生種的研究人員的照片。拍攝地點是在長崎縣海邊的一處斷崖，照片中的研究人員正在找豇豆。基本上倖存至今的野生種都長在人類不易進入的地方，因此尋找種子是一件相當辛苦的工作。幸好賭上性命的探索任務有了甜美的回報，研究人員找到了「耐鹽水的豇豆」，並將找到的野生種種植在遭受東日本大地震海嘯侵襲的農地，成功培育出新的種子。在惡劣條件下培育的種子，較能適應氣候異常的現代氣候，可說是媲美祕密道具的超級後盾。我們可以從豇豆的遺傳資訊獲得靈感，強化其他作物的適應性。

媲美祕密道具的先進技術日新月異，人類成功開發出無人插秧機、播種無人機，還建造了植物工廠。這些先進技術就像科幻小說超乎人類想像，應用在作物的種子上，所有的技術革新都是為了保護與培育種子。因為種子是未來糧食的起源，彌足珍貴。

衷心期待二十二世紀的人類也能像我們一樣，吃到美味的銅鑼燒、紅豆年糕湯、大福、鯛魚燒和宇治金時剉冰。

影像提供／日本農研機構

◀日本農研機構遺傳資源研究中心的研究人員沿著海岸尋找豇豆，照片裡草叢中圈起來的部分就是野生種豇豆。

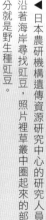

哆啦A夢知識大探索 8

糧食未來生長罐

●漫畫／藤子・F・不二雄　●原書名／ドラえもん探究ワールド——食料とおいしさの未来
●日文版審訂／ Fujiko Pro、日本農研機構（國立研究開發法人　農業・食品產業技術綜合研究機構）
●日文版協作／塚本愛（日本農研機構）、長谷部喜八　●日文版採訪／松村由美子
●日文版版面設計／ bi-rize　●日文版封面設計／有泉勝一（Timemachine）
●日文版編輯／高品南　●日文版攝影／横田紋子　●插圖／ Koshian・Omocha

●翻譯／游韻馨　●台灣版審訂／曾宇良

發行人／王榮文
出版發行／遠流出版事業股份有限公司
地址：104005 台北市中山北路一段 11 號 13 樓
電話：(02)2571-0297　傳真：(02)2571-0197　郵撥：0189456-1
著作權顧問／蕭雄淋律師

[參考文獻]

日本農研機構宣傳雜誌《NARO》、《日本農研機構技報》、農林水產省宣傳雜誌《aff》、《最新　日本農業圖鑑》（Natsume 社）、《食物科技革命　世界 700 兆日圓的新產業「食」的進化與再定義》（日經 BP）、《2030 年的糧食與農業技術－改變農業與糧食未來的世界先進商業模式 70 －》（同文館出版）、《縱切日本史①食物的日本史》（講談社）、《圖解秒懂　14 歲就能理解的食物與人類萬年史》（太田出版）、《稻田的一年》、《農田的一年》（小學館）

2023 年 6 月 1 日 初版一刷　2024 年 2 月 5 日 初版三刷
定價／新台幣 350 元（缺頁或破損的書，請寄回更換）

ISBN 978-626-361-120-7
遠流博識網 http://www.ylib.com　E-mail:ylib@ylib.com

◎日本小學館正式授權台灣中文版
●發行所／台灣小學館股份有限公司
●總經理／齋藤滿
●產品經理／黃馨瑝
●責任編輯／李宗幸
●美術編輯／蘇彩金

國家圖書館出版品預行編目 (CIP) 資料

糧食未來生長罐 / 日本小學館編輯撰文 ; 藤子・F・不二雄漫畫 ; 游韻馨翻譯 . -- 初版 . -- 臺北市 : 遠流出版事業股份有限公司 , 2023.06
面 ;　公分 . --（哆啦 A 夢知識大探索 ; 8）
譯自 : ドラえもん探究ワールド : 食料とおいしさの未来
ISBN 978-626-361-120-7（平裝）

1.CST: 糧食　2.CST: 農業　3.CST: 漫畫

431.9　112006656

DORAEMON TANKYU WORLD—SHOKURYO TO OISHISA NO MIRAI
by FUJIKO F FUJIO

※ 本書為 2021 年日本小學館出版的《食料とおいしさの未来》台灣中文版，在台灣經重新審閱、編輯後發行，因此少部分內容與日文版不同，特此聲明。